Für meine Eltern, denen ich meine Begeisterung für die Botanik und für die Schönheit der Pflanzen verdanke

IN 80 BÄUMEN UM DIE WELT

Laurence King Verlag GmbH
Jablonskistraße 27, 10405 Berlin
www.laurencekingverlag.de

Erstmals erschienen bei Laurence King Publishing in Großbritannien 2018

Laurence King Publishing ist ein Imprint von
The Orion Publishing Group Ltd
Carmelite House, 50 Victoria Embankment
London EC4Y 0DZ

Ein Unternehmen von Hachette UK

Für die deutsche Ausgabe
Übersetzung: Bettina Eschenhagen, Hildesheim
Redaktionsbüro Korn, Dortmund
Lektorat: Mareike Ahlborn, Essen
Satz: Igor Divis, Dortmund
Projektleitung: hauffe publishing, Dortmund

ISBN: 978-3-96244-016-9

6. Auflage 2023

Gedruckt bei Vivar Printing Sdn Bhd

Jonathan Drori ist Botschafter des Woodland Trust

Woodlandtrust.org.uk

www.laurenceking.com
www.orionbooks.co.uk

WOODLAND
TRUST

MIX
Papier aus verantwortungsvollen Quellen
FSC® C084469
FSC
www.fsc.org

IN 80 BÄUMEN UM DIE WELT

Jonathan Drori

Illustriert von Lucille Clerc

Aus dem Englischen von Bettina Eschenhagen & Ulrich Korn

Laurence King Verlag

Inhalt

Die Bäume

NORDEUROPA

SÜDEUROPA UND NORDAFRIKA

ÖSTLICHER MITTELMEERRAUM

AFRIKA

ZENTRAL- UND SÜDASIEN

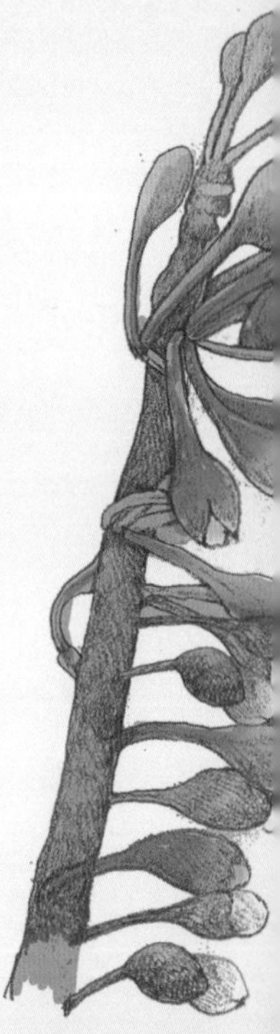

OSTASIEN

SÜDOSTASIEN

OZEANIEN

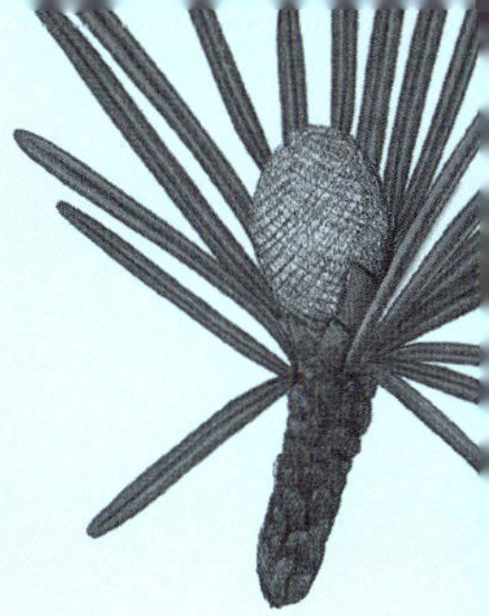

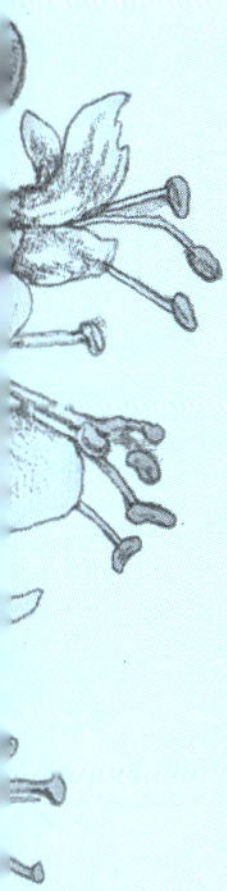

Einführung

Ich bin in der Nähe von Kew Gardens aufgewachsen, Londons größtem botanischem Garten. Mein Vater, der Ingenieur, und meine Mutter, die Psychologin war, liebten beide Pflanzen. Diese Leidenschaft haben sie an meinen Bruder und mich weitergegeben. Sie erzählten uns, dass man aus diesem Baum Gift macht und aus jenem Schokolade, dass ein dritter zur Isolierung der kreuz und quer auf der Erde verlegten Fernmeldekabel diente und dass es eine Art gab, deren Blüten nach der Bestäubung die Farbe wechseln. Wir erkundeten die Natur mit allen Sinnen. Besonders gern leckten wir etwas Milchsaft vom Schlafmohn ab – allein schon wegen des Gesichts, das andere Eltern später machen würden, wenn wir davon erzählten. Hinter beinahe jeder Pflanze steckte eine Geschichte, die auch mit Tieren und Menschen zu tun hatte. So erfuhr ich z.B. von den Grausamkeiten der Sklaverei, als mein Vater mich ein winziges Stückchen einer Dieffenbachie probieren ließ. In den Südstaaten der USA wurden entflohene Plantagenarbeiter gezwungen, dieses Gewächs zu kauen, was zum Anschwellen ihrer Zungen und Kehlen führte und sie am Sprechen hinderte. Verständlich, dass die Dieffenbachie auch „Schweigrohr" genannt wird... Die Besuche in Kew haben ein beständiges Interesse an Pflanzen und ihren Beziehungen zur Menschenwelt in mir geweckt. Was genau ein Baum eigentlich ist – darüber haben wir, glaube ich, nie gesprochen. Wir kannten die meisten Bäume einfach.

Beruflich habe ich einige Zeit Dokumentarfilme gemacht und bin anschließend als Verwalter nach Kew zurückgekehrt. Ich wurde Kurator bei The Woodland Trust und The Eden Project sowie Botschafter des World Wide Fund for Nature (WWF). Ich habe versucht, die Öffentlichkeit für die Natur zu interessieren, indem ich verfügbares Wissen mit eigenen Erfahrungen verknüpft habe. Nach diversen TED-Talks und 3 Millionen Aufrufen wurde mir klar, dass die Leute interdisziplinäre Geschichten über Pflanzen spannend finden. So kam ich auf die Idee, ein Buch darüber zu schreiben.

Von ein paar Abweichungen abgesehen, lässt sich ein Baum als eine verholzte Pflanze mit Stamm definieren, die sich selbst aufrecht hält und mehrjährig ist. Darüber, wie groß so eine Pflanze sein muss, um als Baum zu gelten, streiten sich die Botaniker. Ich sehe das nicht so eng. In dieses Buch habe ich z.B. die Jojobapflanze aufgenommen, einen meist niedrigen Strauch, der unter günstigen Bedingungen aber auch ziemlich hoch werden kann. Und was wäre ein Strauch, wenn nicht ein kleiner Baum?

Die Vielfalt der Bäume ist erstaunlich groß. Mindestens 60.000 Arten sind heute weltweit bekannt. Bäume sind nicht in der Lage, vor Tieren davonzurennen, die ihre Blätter fressen wollen. Also produzieren sie zur Abschreckung unangenehme Substanzen. Sie sondern Kautschuk, Harz oder Milchsaft ab, um Insekten oder andere Angreifer zu ertränken, zu vergiften, bewegungsunfähig zu machen oder Pilze und Bakterien zu bekämpfen. Aus solchen Abwehrstoffen stellen wir dann Kaugummi oder Gummi her oder das älteste Luxusprodukt der Welt: Weihrauch. Andere Bäume, wie die feuchtigkeitsliebende Erle, liefern uns Holz, das im Wasser nicht verrottet. Auf solchen Stämmen ruht die Stadt Venedig.

Natürlich haben die Bäume sich nicht so entwickelt, um die menschlichen Bedürfnisse zu befriedigen. Über Jahrmillionen hinweg haben sie sich an die Umwelt angepasst, damit sie sich schützen und vermehren konnten. Die am besten angepassten Exemplare konnten die meisten Nachkommen hervorbringen und sich am weitesten verbreiten. Für mich wird es allerdings immer besonders spannend, wenn das Leben der Bäume Auswirkungen auf das menschliche Leben hat. Von der Partnerschaft zwischen dem Mopanebaum und einer bestimmten Nachtfalterart hängt z.B. ab, ob Millionen Menschen im südlichen Afrika etwas Gutes zu essen haben. Und die Züchtung der Leylandzypresse war ein botanisches Ereignis, das viel über den typisch britischen Hang zur

Privatsphäre aussagt. Dieses Buch enthält 80 solcher Geschichten, die natürlich nur einen Bruchteil der unzähligen gemeinsamen Angelegenheiten von Menschen und Bäumen ausmachen.

Ich filme nach wie vor bei botanischen Exkursionen. Für das vorliegende Buch habe ich mich von London aus nach Osten auf den Weg gemacht – wie Phileas Fogg in Jules Vernes Roman *In 80 Tagen um die Welt*. In dieser Reiserichtung und in geografischen Gruppen stelle ich Ihnen einige Bäume vor. Über die Wurzeln ist jeder Baum zwangsläufig eng mit seinem Standort verbunden. Darüber hinaus gibt es in jeder Region unterschiedliche Beziehungen von Bäumen, Menschen und umgebender Natur. Linden und Buchen, die in England wie in Deutschland heimisch sind, werden z.B. von den Deutschen besonders verehrt. Für das südliche Afrika ist der Baobab als Wasserspeicher ausgesprochen wichtig, und unter der sengenden Sonne des Nahen Ostens ist es ein unvergleichlicher Genuss, einen saftigen Granatapfel zu essen. An die Kälte im hohen Norden ist die Dahurische Lärche ungewöhnlich gut angepasst. Das schwül-warme Klima des Regenwaldes hat die Lebensgemeinschaft des malaysischen Durianbaums und der Fledermaus hervorgebracht. Typisch für australische Bäume ist die Gattung *Eucalyptus*, die Harze und ätherische Öle absondert, um gegen Pflanzenfresser gefeit zu sein. Dagegen mussten die Bäume der Hawaii-Inseln, wo es keine pflanzenfressenden Säugetiere gibt, nie Stacheln oder unangenehm riechende Substanzen herausbilden. Klimabedingt erstrahlen kanadische Ahornblätter im Herbst in den schönsten Farben, während dieselbe Art in Europa vergleichsweise langweilig wirkt.

Doch der Standort ist nicht alles: Bäume haben unglaublich komplexe Beziehungen zu anderen Organismen. Manche sind ziemlich weit verbreitet – findige Bestäubungsstrategien, Tauschgeschäfte zwecks Samenausbreitung und sogar Köder, mit denen Bäume die Feinde ihrer Feinde anlocken. Hier haben sich für mich manchmal interessante Querverbindungen von einem Baum zum anderen ergeben. Natürlich könnte man auch andere Verbindungen sehen und anderen Routen um den Globus folgen. Ich hoffe einfach, dass mein Ansatz dazu führt, dass Sie die Bäume, denen Sie unterwegs begegnen, mit anderen Augen sehen.

Die vielfältigen Beziehungen zwischen den Organismen sind auch ein Faktor, der die globale Erwärmung so bedrohlich macht. Wenn Blüten z.B. früher blühen als bisher und der Baum auf bestimmte Bestäuber angewiesen ist, die zu diesem Zeitpunkt noch nicht unterwegs sind, kann er sich vielleicht nicht mehr fortpflanzen. Und die Insekten, von denen wiederum andere Arten am Ende der Nahrungskette abhängen, haben dann plötzlich nichts mehr zu fressen.

Noch ein paar Worte zu den „Klimaskeptikern“ unter uns. Egal, ob ihr Misstrauen gegenüber der Klimaforschung auf Starrsinn oder Unwissenheit beruht: Es gefährdet das Überleben vieler Baumarten. Manche meinen, der Klimawandel sei Ansichtssache – wie Politik oder Kunst. Aber die Klimaforscher arbeiten mit naturwissenschaftlichen Methoden: Sie suchen nach Belegen, die ihre Thesen stützen oder widerlegen. Bevor sie Ergebnisse veröffentlichen, diskutieren sie sie mit anderen, fordern also eine internationale Forschungsgemeinschaft dazu auf, nach Schwachstellen in ihrer Methodik, ihrer Argumentation und ihren Schlussfolgerungen zu suchen. Bei überraschenden Ergebnissen stellen andere die Versuche nach und lassen ihre Beobachtungen wieder kritisch von Kollegen überprüfen. So zeitraubend und möglicherweise demütigend diese Kontrolle auch ist, sie ist wissenschaftlich. Wenn die von Experten geprüfte Forschung zeigt, dass gerade ein rasanter Klimawandel stattfindet und dass menschliche Aktivitäten das Problem zumindest stark verschärfen, sollten wir aufhorchen. Naturwissenschaft beruht auf Zweifel und Beweis, nicht auf Politik oder Glauben. Unsere Spezies sollte bereit sein, lebenslang dazuzulernen!

Bäume sind nicht nur aufgrund ihrer unglaublichen Vielfalt von unschätzbarem Wert. Eine meiner frühesten Erinnerungen ist die an eine eindrucksvolle Libanon-Zeder in der Nähe meines Elternhauses. An einem Wintermorgen fanden wir sie zerstört vor; Stamm und Äste lagen verstreut auf dem Boden und wurden zersägt. Ein Blitz hatte den Baum getroffen. Da sah ich meinen Vater zum ersten Mal weinen. Das machte mich nachdenklich. Ich hatte das riesige, schwere, schöne Ding, das Hunderte von Jahren alt war, immer für unbezwingbar gehalten. Und meinen Vater für jemanden, der alles auf sanfte Art im Griff hatte. Das stimmte anscheinend nicht. Ich erinnere mich, dass meine Mutter damals sagte, der Baum habe eine ganze Welt beherbergt. Ihre Bemerkung erschien mir rätselhaft.

Meine Mutter hatte recht. Dieser Baum hat eine ganze Welt beherbergt – so wie jeder Baum. Die Bäume brauchen unsere Wertschätzung, und viele brauchen Schutz.

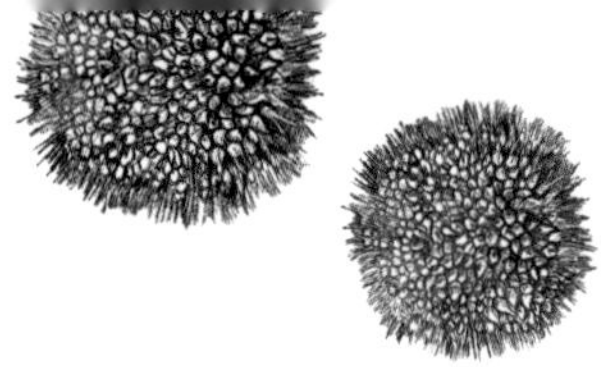

ENGLAND

Gewöhnliche Platane

Platanus × acerifolia

Mit ihren großen, ahornartigen Blättern und ihrer stattlichen Größe scheint diese Platane wie geschaffen dafür, die Pracht und Herrlichkeit einer mächtigen Nation zu verkörpern. Ihre Äste sitzen weit oben am Stamm, sodass große Exemplare als Straßenbäume von luftiger, architektonischer Qualität Schatten spenden, ohne die Sicht zu behindern. Im 19. Jahrhundert wurde die Gewöhnliche Platane (engl. *London plane*) überall in London gepflanzt – ein Baum als Sinnbild für die Hauptstadt des wachsenden britischen Weltreichs. Nicht nur bei festlichen Umzügen zwischen Parlament und Buckingham Palace machten die platanengesäumten Boulevards Eindruck auf die Besucher. Dies – so die Botschaft – war der Mittelpunkt einer mächtigen Industrienation, die selbstbewusst und optimistisch das vor ihr liegende Jahrhundert gestaltete und in der die Bäume ebenfalls unverwüstlich waren. Sehr britisch!

Dabei ist die Gewöhnliche Platane eine Migrantin und zudem noch gemischter Herkunft: Das Malkreuz in ihrem lateinischen Namen steht dafür, dass sie ein Hybride ist. Vermutlich sind ihre Eltern die Nordamerikanische Platane und die in Südosteuropa und Südwestasien heimische Morgenländische Platane. Von Naturforschern eingeführt, wurden diese Bäume wahrscheinlich Ende des 17. Jahrhunderts erstmals gekreuzt; ob in England, Spanien oder – *quelle horreur!* – in Frankreich, ist ungeklärt.

Die Gewöhnliche Platane ist ein Musterbeispiel für die Leistungsfähigkeit von Hybriden, die den Elternarten an Vitalität und Robustheit häufig überlegen sind (Heterosis-Effekt). Sie ist ein Bastard und nimmt die Herausforderungen des Lebens in der Großstadt entschlossen an.

Die meisten Londoner Platanen wurden während der industriellen Revolution gepflanzt, inmitten von Fabriken, im Maschinenraum des britischen Empire. Dampfmaschinen schwärzten die Hauptstadt damals mit Ruß. Unter derart ungünstigen Bedingungen können nur wenige Arten überleben. Doch die Platanen haben einen speziellen Schutz gegen Luftverschmutzung: Da ihre Rinde mit dem raschen Wachstum des Stammes und der sich unter ihr entwickelnden Äste nicht mithalten kann, blättert sie in babyhandgroßen Platten ab. Zurück bleiben hübsch unregelmäßige Flecken, die an Tarnkleidung erinnern und für den Baum ein wichtiger Schutz sind. Die Rinde der Platane ist nämlich (wie bei vielen anderen Arten) mit Lentizellen durchsetzt – winzigen Poren von 1 bis 2 mm Durchmesser, die für eine Durchlüftung von Stämmen und Zweigen sorgen. Verstopfen sie, leidet der Baum. Die Fähigkeit, eine Schmutzschicht abzuwerfen, hält die Platane wie auch ihre menschlichen Leidensgenossen in der Großstadt gesund.

Mehr als die Hälfte aller Bäume in London sind heute Platanen. Die wohl eindrucksvollsten Exemplare stehen am Berkeley Square, 1789 gepflanzt von einem vorausschauenden Mitbürger. Andere säumen die Ufer der Themse, zieren die königlichen Parkanlagen und spenden der Stadt so Schatten und Sauerstoff. Städteplaner aus aller Welt kommen nach England, um die Eignung der Platane für ihre Heimatstädte zu untersuchen. So hat sich der anfangs fast nur in London heimische Baum in der gesamten gemäßigten Zone ausgebreitet. Jetzt sind Paris, Rom und New York fein raus – und London nicht mehr einzigartig.

Doch auch dieses Nationalsymbol von Baum zeigt sich nicht immer ehrwürdig: Im Herbst und im Winter hängen paarweise Samenbomben an ihm, deren Schatten Schuljungen zu anzüglichen Bemerkungen inspirieren. Die kugelförmigen Früchte eignen sich auch als Vogelfutter oder als Grundsubstanz für Juckpulver. An heißen Julinachmittagen sind Londons Platanen dagegen ein wirklich erhebender Anblick und erinnern an die Zeit, als die Stadt der Nabel eines Weltreichs war.

ENGLAND

Leylandzypresse

× *Cuprocyparis leylandii*

Die Geschichte der Leylandzypresse dreht sich um die britische Vorliebe für Privatsphäre, fürs Gärtnern und für Klassenbewusstsein. Als englische Pflanzenforscher im 19. Jahrhundert die widerstandsfähige Nutka-Goldzypresse aus Oregon und die weniger widerstandsfähige, aber äußerst wuchsfreudige Monterey-Zypresse aus Kalifornien mitbrachten, ahnten sie noch nicht, was für ein Durcheinander 100 Jahre später daraus werden würde. Die beiden amerikanischen Nadelbäume sind keine engen Verwandten und überschneiden sich in ihren mehr als 1.500 km entfernten natürlichen Verbreitungsgebieten nicht. In Wales wurden sie jedoch dicht an dicht gepflanzt und schafften es so, sich zu vereinigen. Da sich die schicksalhafte Affäre auf den Ländereien von Christopher Leyland ereignete, wird der Monstersprössling Leylandzypresse genannt.

Die Bastardzypresse ist schlank, aufrecht, unempfindlich gegen salzhaltige wie verschmutzte Luft und unerhört wüchsig. Sie wächst über 1 m pro Jahr und wird mehr als 35 m hoch. In Reihen gepflanzt, bilden die Bäume eine bedrückend dichte, dunkelgrüne Wand. Für jedermann erschwinglich wurden Leylandzypressen Ende der 1970er Jahre, als immer mehr Gartencenter eröffneten und die Bäume dank moderner Reproduktionstechniken massenhaft aus Stecklingen gezogen werden konnten. Und damit fing der Ärger an.

In englischen Vorstädten stehen die Häuser dicht an dicht, jedes in der Regel mit einem eigenen Gärtchen. Neugierige Blicke auf das Nachbargrundstück bleiben nicht aus, als Sichtschutz sind in Großbritannien aber nur bis zu 2 m hohe Zäune erlaubt. Also brauchte der paranoide Eigenheimbesitzer einen „lebenden Zaun“, der nicht unter die gesetzliche Regelung fiel und schleunigst eine hohe, undurchdringliche Wand bildete. Die Stunde der Leylandzypresse war gekommen – in den folgenden Jahrzehnten rettete sie alle, die sich nach Abgeschiedenheit sehnten. Anfang der 1990er Jahre machten Leylandzypressen schon die Hälfte aller in Großbritannien gepflanzten Bäume aus.

Der Gewinn an Privatsphäre hatte jedoch seinen Preis. Die Nachbarn stellten bald fest, dass auf Boden, der von Leylandzypressen beschattet und angesäuert wird, herzlich wenig anderes gedeiht. Viele Erdgeschossbewohner beschwerten sich über Halbdunkel und versperrte Sicht. Zudem beäugten „echte“ Gärtner und die bürgerliche Presse die Entwicklung misstrauisch, brandmarkten die Zypresse als Baum der Zugezogenen und Neureichen und befeuerten damit den gesellschaftlichen Kleinkrieg.

Erste Rechtsstreitigkeiten um die Leylandzypresse gab es Ende der 1990er Jahre. Für die Medien war es ein gefundenes Fressen, wenn Nachbarn bei Heckenstreitigkeiten handgreiflich wurden. Ein Selbstmord und mindestens zwei Tötungsdelikte gab es. Ein Politiker aus dem grünen Londoner Vorort North Ealing sagte dazu: „Für Leute, die mehr von Hass als von einem Bedürfnis nach

Privatsphäre erfüllt sind, ist die Leylandzypresse zur Waffe geworden, wie ein Messer oder ein Gewehr."

Wieder und wieder gab es Parlamentsdebatten über die Leylandzypresse. Das britische Unterhaus widmete ihr 22 Stunden Gesamtredezeit, während eine Abgeordnete mit dem verheißungsvollen Namen Lady Gardner of Parkes den Punkt im Oberhaus auf die Tagesordnung setzte. Im Jahr 2005 gab es über 17.000 offizielle Heckenstreitigkeiten (und sicher etliche inoffizielle). Die englischen Behörden erhielten erstmals die Befugnis, eine einstweilige Verfügung gegen die Besitzer unliebsamer Hecken zu erlassen: die *anti-social behaviour order* (ASBO). Die Regelung war umstritten, weil sie oft in unfairer Weise mit Problemen der Arbeiterschicht vermischt wurde, etwa mit der Kontrolle straffälliger Jugendlicher in Sozialsiedlungen oder mit der Reglementierung von Pitbull-Terriern – einer anderen aggressiven Kreuzung, nebenbei bemerkt.

Da es 2011 bereits 55 Millionen Leylandzypressen in Großbritannien gab, dürfte ihre gigantische Zahl inzwischen größer sein als die der menschlichen Bewohner des Königreichs. Immerhin wurde mit dieser Zypresse ein ziemlich britischer Kompromiss zwischen dem Wunsch nach Privatsphäre und dem Recht auf Licht gefunden – fürs Erste jedenfalls.

Das „×" ist das Kennzeichen für einen Hybriden. Eine Kreuzung, die nicht ganz so schnell wächst, ist die Gewöhnliche Platane (S. 12).

IRLAND

Westlicher Erdbeerbaum

Arbutus unedo

Der Erdbeerbaum ist im westlichen Mittelmeerraum und im Südwesten Irlands heimisch, merkwürdigerweise aber nicht in England. Wahrscheinlich brachten Seefahrer ihn in der Zeit zwischen 10.000 und 3.000 v. Chr. von der Iberischen Halbinsel mit. Die Theorie wird von der DNA-Analyse einer Zwergspitzmaus gestützt, die anscheinend die gleiche Reise mitgemacht hat. Auch die Iren haben genetisch z.T. Gemeinsamkeiten mit Menschen in Nordspanien. Wie auch immer: Im County Kerry wirken wilde Erdbeerbäume bezaubernd und exotisch.

Der dicht belaubte, gewundene, bis zu 12 m hohe Baum hat eine rötliche, zerfasernde Rinde und immergrüne Blätter. Jeweils etwa 20 weiße bis roséfarbige, glockige Blüten mit rosa Stielen zeigen sich an einem Büschel; sie erinnern an winzige Heißluftballons. Der süße Duft und das ungewöhnliche Erscheinen der Blüten im Herbst erfreut Menschen wie Bienen – schließlich ist Nektar in dieser Jahreszeit rar. Auf der Iberischen Halbinsel, wo der Baum häufig ist, schätzt man Erdbeerbaumhonig trotz seines bitteren Aromas.

Früchte entwickeln sich erst fünf Monate nach der Bestäubung, sodass sie im Herbst neben den neuen Blüten reifen. Abgesehen von der roten Farbe ähneln die Früchte eher Litschis als Erdbeeren. Dass der Baum nicht häufiger angebaut wird, hat seinen Grund: Das gelborange Fruchtfleisch ist zwar angenehm weich, aber mehlig und schmeckt nur ganz schwach nach Pfirsich oder Mango. In dem lateinischen Namen steckt das Wort *unedo* und hinter diesem ein Satz, der dem römischen Naturkundler und Schriftsteller Plinius d.Ä. zugesprochen wird: „Unum tantum edo" („Ich esse nur eine"). Wenn die Früchte überreif sind und schon anfangen zu fermentieren, sind sie schmackhafter. Dann macht sich eine Spur Alkohol bemerkbar, die möglicherweise dazu geführt hat, dass Aguardente de Medronho erfunden wurde: ein Schnaps, den portugiesische Bauern aus den Früchten des Erdbeerbaums brennen.

Auf dem Wappen von Madrid reckt sich ein Bär nach den Früchten des *madroño*, des Erdbeerbaums. Einer landläufigen Deutung zufolge haben der Name der spanischen Hauptstadt und der des Baumes dieselbe Wurzel: *madre* (Mutter). Auch wenn das höchstwahrscheinlich nicht stimmt – der feste Glaube daran zeugt von der Liebe der Madrilenen zu ihrem „Mutterbaum".

SCHOTTLAND

Vogelbeere

Sorbus aucuparia

Die Vogelbeere, auch Eberesche genannt, ist ein eher kleiner, ausgesprochen robuster Laubbaum. Sie kommt in ganz Europa vor, ist typisch für die schottischen Highlands, gedeiht aber auch in Sibirien. Die kleinen, hübschen, cremefarbenen Vogelbeerblüten stehen in Schirmrispen. Sie duften intensiv und locken mit reichlich Nektar Schwärme von bestäubenden Insekten an. Wenn diese bei schlechtem Wetter ausbleiben, können die Blüten sich selbst befruchten, was genetisch Nachteile mit sich bringt – doch besser Inzucht als gar keine Nachkommen!

Ab dem Spätsommer biegen sich die schlanken Äste des Vogelbeerbaums unter der Last der orangefarbenen, später leuchtend roten, erbsengroßen Beeren, von denen jeweils 20 oder mehr ein Büschel bilden. Eigentlich sind es gar keine Beeren, sondern Apfelfrüchte, weil sie wie Äpfel aus der Blütenachse entstehen. Bei genauem Hinsehen kann man fünfzackige Blütenansätze gegenüber dem Stiel erkennen. Die Vögel kümmert's nicht: Sie werden von der leuchtenden Farbe der Beeren angelockt. In der Antike verwendete man die Früchte zum Vogelfang (lat. *aucupatio*) – daher der botanische Name des Baumes. Nach der Vogelmahlzeit werden die Samen dann unverdaut wieder ausgeschieden und im Umkreis verteilt, samt einem nützlichen Klacks Dung. Ein oder zwei Jahre später keimen die Samen, egal ob in Felsspalten, an Steinhängen oder in den feuchten, erdigen Höhlungen anderer Bäume. So wachsen „fliegende Ebereschen" heran, von denen man früher glaubte, dass sie magische Kräfte hätten.

Die Vogelbeere spendet auch einen anderen Schutz, den man einst für Zauberei gehalten hätte: Die Früchte enthalten Sorbinsäure, die antimykotisch und antibakteriell wirkt und von Menschen in der Regel gut vertragen wird. Chemisch hergestellte Sorbinsäure und ihre Derivate werden von der Nahrungsmittelindustrie heute gern als Konservierungsstoff verwendet, um Schimmel und die Ausbreitung von Keimen zu bremsen.

Vogelbeeren enthalten einen Konservierungsstoff. Sehr haltbar sind auch Dattelkerne, die nach 2.000 Jahren noch keimen können *(S. 72)*.

FINNLAND

Hänge-Birke

Betula pendula

Die Hänge-Birke ist eine echte Pionierin. Pollenwolken stieben aus ihren Kätzchen, und der Wind trägt ganze Pulks geflügelter Samen davon. Während der Gletscherschmelze der letzten Eiszeit vor rund 12.000 Jahren gehörte die Birke zu den ersten Bäumen, die sich auf dem nackten Boden ansiedelten. Deswegen ist sie in einem großen Lebensraum heimisch: von Irland über Nordeuropa, das Baltikum und den Ural bis nach Sibirien. Birkenwälder weisen eine große biologische Vielfalt auf. Die Birkenwurzeln befördern Nährstoffe nach oben, die wiederum den Boden verbessern, wenn die Blätter fallen, und die feingliedrigen Kronen lassen anderen Pflanzen genügend Licht.

Mit zarten, hängenden Zweigen, die sich leicht im Wind bewegen, wirkt dieser Baum anmutig wie eine Balletttänzerin. Auf den Blättern – rautenförmig mit doppelt gesägtem Rand – sitzen warzenartige Harzdrüsen. Die auffällige weiße Rinde stellt eine Anpassung dar: So bleiben die Stämme, denen kein dichtes Laub Schatten spendet, bei der intensiven Sonneneinstrahlung im nordischen Sommer bzw. im Schnee gleichmäßig temperiert. Die Rinde junger Birken ist angenehm glatt. Mit zunehmendem Alter reißt der Stamm von unten her in breite, dunkle Furchen auf. Aus der dicken Borke kann man durch Verkochen ein teerartiges Pech gewinnen, dem der Baum seinen lateinischen Namen *Betula* verdankt (eine ähnliche Herkunft hat das Wort „Bitumen"). Und unsere Vorfahren haben Birkenharz schon vor rund 5.000 Jahren als antiseptisches Kaugummi verwendet – man hat Stücke mit Zahnabdrücken darauf gefunden.

Die demokratisch eingestellten Finnen wählten die Hänge-Birke 1998 zum Nationalbaum. Das lag weniger am kommerziellen Nutzen der Birke, die eine hervorragende Holzlieferantin ist, als an ihrem emotionalen Stellenwert. Schneebedeckte finnische Birkenwälder mögen tagsüber blendend hell und etwas unübersichtlich aussehen, aber in langen Winternächten haben die mondbeschienenen Baumsilhouetten etwas Geisterhaftes. In etlichen nordischen Märchen spielen Birken eine Rolle, Aberglauben und Rituale ranken sich um sie. Als Frühlingselixier trinkt man z.B. Birkensaft, der im Baum aufsteigt, bevor die Knospen aufgehen. Abzapfen ist einfach: Man bohrt ein kleines Loch in die Südseite des Stamms und setzt ein Röhrchen an. Die austretende farblose Flüssigkeit schmeckt wie leicht gesüßtes Wasser. Birkensaft enthält einige wichtige Vitamine und Mineralien, allerdings nicht genug, um ein Allheilmittel zu sein.

Seit Jahrhunderten wird die Birke verehrt, weil sie regenerierende Kräfte hat – und weil sie vor Hexerei schützen soll. Manche Finnen stellen heute noch Birkenruten vor die Haustür, um Unheil abzuwehren. Wenn Birkenzweige von einem Pilz der Gattung *Taphrina* befallen sind, verwachsen sie zu strubbeligen Nestern („Hexenbesen"), denen in vielen Kulturen übernatürliche Kräfte zugeschrieben werden.

Während *Taphrina* Birken schwächt und Wuchsstörungen auslöst, gibt es andere Pilze, die mit den Bäumen eine Lebensgemeinschaft (Mykorrhiza) eingehen. Mykorrhizapilze besiedeln die Wurzeln und breiten sich in Form eines Netzes aus hauchdünnen Fasern über diese hinaus aus. Dieses Feinwurzelsystem entzieht der Erde wirksam Nährstoffe und gibt diese in gut „verdaulicher" Form an den Baum weiter. Die Pilze erhalten ihrerseits Zuckerstoffe vom Baum. Für diese besondere Form der Symbiose braucht jeder Baum ganz bestimmte Pilze. Der Lebenspartner der Birke ist *Amanita muscaria*: der Fliegenpilz. Mit seinem roten Hut und den weißen Punkten darauf (sichtbar ist der Fruchtkörper) verkörpert er den klassischen Giftpilz aus dem Märchen. Fliegenpilze enthalten Halluzinogene, die früher auf der ganzen Nordhalbkugel bei schamanistischen Ritualen genutzt wurden, besonders von sibirischen Völkern, und den Samen in Finnland und Nordschweden. So weit, so menschlich – Rauschmittel gibt es in vielen Kulturen. Interessant ist allerdings, dass die Fliegenpilzgifte im Körper nicht vollständig abgebaut, sondern teilweise unverändert wieder ausgeschieden werden. Das bietet die verlockende Möglichkeit, einen Rausch zu bekommen, indem man den drogenhaltigen Urin anderer trinkt. Im hohen Norden sind die Winternächte ja lang, und in den Wäldern war sonst vermutlich nichts los. Dennoch kann ich mir kaum vorstellen, dass diese Praxis wirklich so weit verbreitet war, wie man den wenigen Besuchern damals weisgemacht hat, die begeistert von den Pisse-Trinkritualen berichtet haben.

Der bekannteste Baumsaft der Welt stammt vom Zucker-Ahorn (S. 227).

NIEDERLANDE

Ulme

Ulmus spp.

Das Ulmensterben (auch „Holländische Ulmenkrankheit" genannt) hat insofern etwas mit den Niederlanden zu tun, als der vermutlich aus Ostasien stammende Krankheitserreger zuerst dort identifiziert wurde. Zufällig gibt es in Den Haag und besonders in Amsterdam auch viele herrliche Ulmen – die Amsterdamer Grachten und Straßen sind von mehr als 75.000 Exemplaren gesäumt.

Die westeuropäischen Ulmenarten haben viele Gemeinsamkeiten. Die imposanten Bäume werden bis zu 30 m hoch, sind von angenehm unregelmäßigem Wuchs, außen dicht verzweigt und tragen ausladende Laubbüschel an wenigen dicken, nach oben weisenden Ästen: ein beliebtes Motiv auf den Gemälden alter Meister. Ulmenblätter haben eine asymmetrische Blattbasis; die ungleichen Blatthälften setzen unten am Stiel schief an. Da Ulmen viel Licht brauchen, gedeihen sie einzeln besser als in dichten Beständen. Luftverschmutzung in den Städten halten sie gut aus. Ulmenholz ist außerdem resistent gegen Fäulnis, daher wurden im Mittelalter oft Konstruktionen für Wasserleitungen daraus hergestellt.

Der heutige Massenbefall der Ulmen hat eine Vorgeschichte. Die Römer, die ihre Weinreben gern mit Ulmenzweigen und -spalieren stützten, führten die Englische Ulme (*Ulmus procera*) in Westeuropa ein. Obwohl diese Ulmenart büschelweise kleine rote Blüten und zahlreiche Samen hervorbringt – kleine, geflügelte Früchte (Flügelnüsse), die durch den Wind verbreitet werden –, ist sie in der Regel unfruchtbar. Daher vermehrte man sie mithilfe von Stecklingen oder Wurzelsprossen. Genetisch identische Klone entstanden – und die sind allesamt für dieselben Schädlinge und Krankheiten anfällig.

Das erste Ulmensterben im 20. Jahrhundert ereignete sich um 1920 herum und blieb noch überschaubar. In den 1970er Jahren vernichtete der aggressive Pilz *Ophiostoma novo-ulmi* jedoch Hunderte Millionen Ulmen in Europa und Nordamerika, 25 Millionen davon allein auf den Britischen Inseln. Zahlreiche Straßen- und Städtenamen mit dem Bestandteil „ulm" weisen darauf hin, wie wichtig die Ulmen früher für das Landschaftsbild waren – und was für ein Verlust ihr Verschwinden für das Nahrungsgefüge von Insekten und Vögeln ist.

Übertragen wird die Ulmenkrankheit von Borkenkäfern, die Pilzsporen am Körper tragen und sich in die Rinde hineinbohren. Der Schaden entsteht durch Giftstoffe im Pilz und dadurch, dass der Baum den Pilz durch Versiegeln der Wasser- und Nährstoffbahnen abwehrt. Die Blätter werden dann im Frühsommer schon gelb, welken und verdorren schließlich. So kann ein großer Baum innerhalb eines Monats sterben. Die Rinde sieht äußerlich unbeschädigt aus, unter ihr zeigt sich jedoch vielfach ein ebenso zerstörerischer wie faszinierend schöner Strahlenkranz von Gängen, die die Käfer gegraben haben.

Ulmensplintkäfer siedeln sich nur auf Bäumen mit ausreichend dicken Stämmen an. Kleine Heckenbäume vermehren sich durch Wurzelsprosse und entwickeln sich zunächst meist normal, werden nach wenigen Jahren aber auch anfällig. Größere Ulmenbestände gibt es heute nur noch an der windigen englischen Südostküste und in Holland, vor allem – dank der unermüdlichen Anstrengung der Bürger – in Amsterdam. Erst setzten die Niederländer auf synthetische Fungizide, die jedoch wenig bewirkten und andere Teile des Ökosystems schädigten. Ungleich erfolgreicher war der Versuch, gesunde Bäume im Frühjahr mit einem harmlosen Pilz zu impfen, der die Abwehrkräfte zu stimulieren scheint. Die Behörden impfen nun jährlich und überwachen die Ulmen gewissenhaft. Aufmerksame Bürger melden Schäden an den Stämmen, und von den obligatorischen Kontrollen sind Privatgrundstücke nicht ausgenommen. Befallene Bäume werden sofort gefällt und vernichtet. So konnte die jährliche Infektionsrate auf einen von 1.000 Bäumen gesenkt werden. Darüber hinaus ist es nach Jahrzehnten mühsamer Versuche gelungen, mindestens zehn hochgradig resistente Ulmensorten zu züchten, die nun in Amsterdam und anderswo eifrig gepflanzt werden.

Eingeschleppte Pilze stoßen bei den heimischen Arten oft auf wenig Widerstandskraft und können verheerende Schäden anrichten. Angesichts der Schwierigkeiten, den globalisierten Handel und das damit verbundene Eindringen von Schädlingen und Krankheiten zu kontrollieren, sollten wir zumindest dafür sorgen, dass unsere Baumarten eine größtmögliche genetische Vielfalt haben. Ein großer Genvorrat enthält viele nützliche Merkmale, aus dem die Natur notfalls – möglicherweise mit unserer Unterstützung – wieder etwas Neues entwickeln kann.

Nicht alle Pilze sind für Bäume schädlich: Die Westliche Hemlocktanne ist abhängig von Nährstoffen, die von Pilzen aus verrottenden Baumstämmen freigesetzt werden (S. 204).

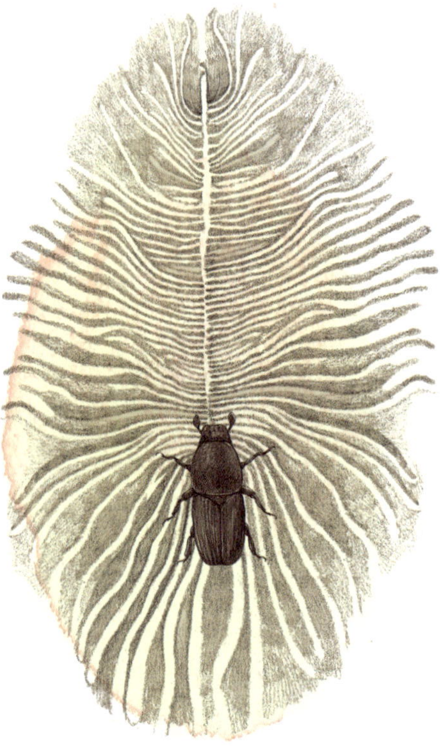

BELGIEN

Silber-Weide

Salix alba

Die Weide ist ganz einfach zu vermehren: Schneiden Sie einen Steckling vom Baum ab, stecken Sie ihn in feuchte Erde – und das war's. Die Wurzeln treiben schnell aus und suchen sich den kürzesten Weg zum Wasser. Weidenwurzeln können einigen Schaden anrichten, wenn sie in Risse von Abwasserleitungen eindringen, diese erweitern und die Rohre verstopfen. An Flussufern verhindert das breitflächige Wurzelwerk jedoch Erosionen und bietet vielen Tierarten Schutz.

Insgesamt gibt es rund 450 Weidenarten, die in ganz Europa verbreitet sind. Häufige „Mischehen" haben dazu geführt, dass die Arten viel gemeinsam haben und Weiden als Gattung leicht zu unterscheiden sind. Ausgewachsene Silber-Weiden können 30 m hoch werden. Sie haben ein zierliches Blattwerk und mitunter ziemlich unregelmäßige Kronen. Die Blätter sind lang und schmal, anfangs beiderseits, später nur noch auf der Unterseite behaart, sodass sie von Weitem silbriggrau wirken (daher der Name). Die schlanken Kätzchenblüten sind besonders auffällig, weil sie im Frühjahr noch vor den Blättern erscheinen. Sie sehen wie lange, flauschige Raupen aus, die mit gelbem Pollen übersät sind, was sie besonders für Bienen, aber auch für Floristen sehr attraktiv macht.

Im Englischen wird das Wort *willowly* („weidig") verwendet, um etwas zu beschreiben, das besonders schlank und biegsam ist. Seit Jahrtausenden werden dünne Weidenzweige (Weidenruten) schon zu Körben, Bootsrahmen, Zäunen und Reusen geflochten. Ausgedehnte Flächen mit Weidenruten befanden sich einst an den europäischen Wasserstraßen, um den Handel mit dem Material zu versorgen. Weidengeflecht wirkt an Skulpturen und Möbeln z. T. wie Schnickschnack, aber auch ein bisschen märchenhaft – volkstümlich ist die Weide mit vielen Bedeutungen belegt.

Die Trauerweide (*Salix babylonica*) verdankt ihren Namen einem Übersetzungsfehler. In Psalm 137 heißt es: „An den Strömen von Babel, da saßen wir und weinten, wenn wir an Zion dachten. Wir hängten unsere Harfen an die Weiden in jenem Land." Tatsächlich dürften die „Weiden" eher Euphrat-Pappeln gewesen sein. Wie auch immer, die Verbindung zwischen herabhängenden Weiden und Trauernden war geschaffen. Ein Weidenkranz oder -hut war im Mittelalter ein Zeichen für Trauer, das in einigen Volksliedern vorkommt. Auch Zurückweisung wurde mit der Weide verbunden: So kennt das Englische den Ausdruck „die Weide tragen" für den Umstand, dass eine Frau für einen anderen Mann nicht zu haben ist. Und wenn Niederländer sagen, dass sie ihre „Zigaretten an die Weiden hängen", meinen sie, dass sie mit dem Rauchen aufhören.

Die Weide gilt auch als Heilpflanze. Bereits die alten Ägypter behandelten Fieber und Kopfschmerzen mit Weidenrinde, und Hippokrates verschrieb sie um 400 v. Chr. gegen Rheuma. Im Mittelalter gab es unzählige Beispiele für die fiebersenkende Wirkung der Rinde, und Zahnschmerzen wurden üblicherweise so behandelt, dass man sich ein Stückchen Weidenrinde zwischen Zahn und Zahnfleisch steckte. Heute wissen wir, dass die Weidenrinde Salicin enthält, eine Substanz, die in unserem Körper eine schmerzstillende und fiebersenkende Wirkung hat. Demnach hätte die mittelalterliche Methode auch ohne den zweiten Teil funktioniert, der darin bestand, dem Baum den mittlerweile blutigen Span zurückzugeben, um den Schmerz „los zu sein". In der zweiten Hälfte des 19. Jahrhunderts wurde Salicylsäure dann isoliert und zur Herstellung eines Medikamentes verwendet, das heutzutage allgegenwärtig ist: Aspirin. Benannt wurde Aspirin übrigens nach einer Pflanze mit ähnlichen Inhaltsstoffen, dem Echten Mädesüß (ehemals *Spiraea ulmaria*).

Da Weiden das Wasser lieben, gedeihen viele in den heutigen Benelux-Ländern und prägen die Landschaft dort. Doch in der weitgehend vom Menschen gestalteten Agrarlandschaft lässt man sie oft nicht natürlich wachsen. Jedes Jahr werden die Kronen auf eine Höhe von ein paar Metern zurechtgestutzt. Aus den knorrigen Stümpfen wachsen lange Triebe, die eine buschige Krone formen – unerreichbar für das grasende Vieh. Kopfweiden nutzt man seit Jahrhunderten, um Zweige zu gewinnen; die Bäume selbst dienen oft als Feldbegrenzungen. Ihre interessanten Formen haben berühmte Maler wie Rembrandt oder van Gogh verewigt. In Belgien heißt es übrigens, die Kopfweiden ähnelten den Einheimischen – stabil gebaut, zurückhaltend und nicht so leicht umzuhauen.

Weiden gedeihen am Wasser. Aber wie weit können Blätter maximal von den Baumwurzeln entfernt sein *(S. 207)**?*

FRANKREICH

Gewöhnlicher Buchsbaum

Buxus sempervirens

Dadurch, dass die kleinen, immergrünen Blätter des Buchsbaums regelmäßiges Schneiden vertragen, eignet sich diese Pflanze bestens für den Formschnitt. Sein ursprüngliches Verbreitungsgebiet reicht von der Atlantikküste in Südeuropa bis jenseits des Kaukasus. Besonders häufig sind Buchsbäume heute in Frankreich, auf der spanischen Seite der Pyrenäen und in Südengland, wo viele „Heckenkünstler" stolz auf ihre exzentrisch gestutzten Vorgarten-Gebilde sind. Im Gegensatz dazu lieben die Franzosen Ordnung im Garten, sodass gepflegte, niedrige Buchsbaumhecken, teils geometrisch beschnitten, überall Kathedralen und Schlösser umgeben, von Albi bis Versailles. Das hat Tradition: Schon die Römer kannten den *topiarius*, den Gartengestalter, der ornamentale Miniaturlandschaften (*topia*) und ganze Menagerien aus Buchsbäumen schuf.

Der Geruch der eher unscheinbaren Buchsbaumblüten ist Geschmackssache. Manche Menschen erinnert er an Harz und ländliche Gerüche, andere an Katzenurin. Schon der Philosoph Aristoteles hat in seinen *Mirabilia* diesen Geruch erwähnt und vor Buchsbaumhonig gewarnt: „Man sagt, dass er gesunde Männer verrückt macht, Epileptiker aber sofort durch ihn geheilt werden." Heute wissen wir, dass man den Honig besser meidet, weil er (genau wie alle Teile der Pflanze) giftige Alkaloide enthält.

Buchsbaum wächst im Schneckentempo und hat unter den europäischen Bäumen das schwerste Holz. Seine Jahresringe liegen so eng beieinander, dass das gelbliche Holz gleichmäßig, fein strukturiert und unglaublich hart ist. Im 19. Jahrhundert machte diese seltene Kombination Buchsbaumholz zum Material der Wahl für Druckstöcke: minutiöse Schnitzarbeiten auf Holzblöcken, die für den Buchdruck verwendet wurden. Der Bedarf war groß. Um 1870 gab es Hunderte von Firmen, die Holzschnitte und Holzstiche für Illustrationen anfertigten. (Gut, dass einige dieser Bilder auch zeigen, wie das Buchsbaumholz für die Produktion von Holzschnitten genutzt wurde!) Das Holz musste in großen Mengen aus weit entfernten Ländern wie Persien importiert werden, und die Buchsbaumbestände schrumpften. Etliche Ersatzmaterialien wurden ausprobiert, ohne Erfolg, bis andere Drucktechniken wie z.B. der Offsetdruck aufkamen.

Der Buchsbaum hat auch einen Bezug zur Musik. Die alten Ägypter schätzten ihn, um Leiern aus ihm zu machen. Wegen seiner Härte kann Buchsbaumholz akkurat gedreht und gebohrt werden, sodass es seit Jahrhunderten auch gern für Holzblasinstrumente verwendet wird, z.B. für Oboen und Blockflöten.

Holländische Linde

Tilia × europaea

In Nordamerika heißen Linden auch *basswood* – der Name kommt von den Bastfasern ihrer Rinde, aus denen früher oft Matten und Taue gemacht wurden. In Europa hat die Linde dagegen eine besondere kulturelle Bedeutung. Viele Orte haben eine Dorflinde als Treffpunkt und „Herz" der Gemeinde. Im Mittelalter wurden Gerichtsbeschlüsse *sub tilia* (unter der Linde) gefällt, weil der Baum die Wahrheit ans Licht bringen sollte. Zudem war die Linde einst auch Freya, der germanischen Göttin der Liebe, des Glücks und der Fruchtbarkeit, geweiht – im Schatten von Linden hat schon so manches Stelldichein stattgefunden. Den ersten Kuss unter einer Linde bekommen zu haben, ist für viele heute noch etwas Besonderes. Und in Marcel Prousts Roman *Auf der Suche nach der verlorenen Zeit* löst in Lindenblütentee getauchtes Gebäck unwillkürlich eine Fülle von Erinnerungen an die Kindheit aus.

Die Linde ist ein kräftiger Baum, der 1.000 Jahre alt werden kann; er erreicht eine Höhe von 40 m und hat im Alter einen imposanten Umfang. An stark verzweigten Ästen sitzen herzförmige Blätter. Die weißlich-gelben Blüten ergeben getrocknet den bekannten Lindenblütentee. Im Sommer spenden unzählige Lindenalleen in Deutschland wohltuenden und süßlich duftenden Schatten. Im Juni ist der Lindenduft oft so intensiv, dass er fast süchtig macht. Auch die Bienen werden davon angezogen; sie produzieren dann den blassen Lindenhonig, der köstlich ist – frisch und kräftig, mit einem minzigen Beigeschmack. Der Nektar von Linden ist allerdings berauschend; er enthält vermutlich einen einfach strukturierten Zucker (Mannose), der die Bienen benommen macht, wenn sie es übertreiben. Unter einer Linde ist der Boden oft mit benebelten Bienen übersät.

Linden beherbergen Blattläuse, die Honigtau ausscheiden. Das ist eine Zuckerlösung, die Ameisen zwar sehr zu schätzen wissen, die für Autofahrer jedoch zum Ärgernis wird. Im Spätsommer regnet der süße Saft nämlich in feinen Tröpfchen von den Bäumen herab und bildet einen klebrigen Belag auf den Fahrzeugen. Pech für alle Mercedes- und BMW-Besitzer, die auf Berlins Prachtstraße Unter den Linden geparkt haben! Auch sie bekommen die Nebenwirkungen der Baumreihen auf beiden Straßenseiten zu spüren. Selbst in einem Land, das eine Neigung zum Ordentlichen hat, scheint das bisschen Dreck aber nur ein kleiner Preis dafür zu sein, was die Linden den Deutschen bedeuten.

Bei der Flötenakazie (S. 95) spielen Ameisen ebenfalls eine interessante Rolle.

Unter den Linden

Rot-Buche

Fagus sylvatica

Dieser prächtige, konkurrenzfähige Baum wächst überall in Mittel- und Westeuropa. Die Blätter haben einen gewellten Rand; anfangs sind sie seidig behaart und lindgrün, später mittel- bis dunkelgrün. Mit ihren fein verzweigten Kronen werfen Buchen viel Schatten, der lichtbedürftigere Arten vom Wachsen abhält. Dadurch fehlen im Buchenwald bodennahe Sträucher, und der Wald wirkt eigentümlich ruhig. Die Bucheckern dienen vielen Tieren als Nahrung, vor allem in sogenannten Mastjahren. In Notzeiten haben Bucheckern aber auch in der menschlichen Ernährung schon eine Rolle gespielt – der wissenschaftliche Name *Fagus* kommt von dem griechischen Wort für „essen".

Die Rinde der Buche ist hellgrau und glatt, auch im hohen Alter. Wenn bei anderen Baumarten, z.B. bei der Eiche, der Stamm dicker wird, bildet die neue Rinde eine Schicht unter der alten. Die alte Borke kann sich nicht ausdehnen, reißt auf und bildet tiefe Risse. Die Buchenrinde dehnt sich dagegen beim Wachstum mit und bleibt glatt, auch wenn sie ihre obere Schicht kontinuierlich in winzigen Stückchen abwirft.

Das deutsche Sprichwort „ Eichen sollst du weichen, Buchen sollst du suchen" hat möglicherweise eine wissenschaftliche Erklärung. Bei Regen wird die geschmeidige Buchenrinde schnell feucht. Blitze leitet sie direkt in den Boden, ohne dass große Schäden entstehen. Demgegenüber bewirkt die trockene, zerklüftete Rinde einer Eiche oder Kastanie, dass der elektrische Strom durch den feuchteren Kern fließt, was dazu führt, dass das Wasser im Holz explosionsartig kocht und den Baum in Stücke reißt. Vielleicht gibt es insgesamt auch mehr einzeln stehende Eichen als Buchen. Dann würden sie allein deswegen häufiger vom Blitz getroffen.

Zwischen der Buche und dem Schreiben gibt es traditionell einen Zusammenhang. Schon der römische Dichter Vergil hat Graffiti in Buchenrinde geritzt. Die Germanen nutzten Buchenholz für die Herstellung von Schreibtafeln, in die sie Runen- und andere Schriftzeichen einritzten. Und als Buchseiten noch aus Pergament bestanden, dienten Buchenbretter oft als Buchdeckel. Mit der Zeit wurden der Begriff für den Buchenbaum und der für das geschriebene Wort sprachlich miteinander verknüpft. Im Deutschen kennen wir z.B. die *Buche*, aber auch das *Buch* und die *Buchstaben* des Alphabets, die buchstäblich (!) einmal Zeichen auf Brettchen aus Buchenholz waren.

Mittelalterliche Schreibtische waren oft aus Buchenholz, und vor Gutenberg gab es bereits Versuche, „Lettern" zum Drucken aus Buche zu fertigen. Heute werden in Buchenstämme oft ein Herz und zwei Namen geritzt. Das befriedigt dann gleich zwei sehr menschliche Bedürfnisse: eine Liebeserklärung abzugeben und eine leere Seite zu füllen.

Mit einer moderneren Form der Kommunikation hängt der Guttaperchabaum (S. 144) zusammen.

UKRAINE

Gewöhnliche Rosskastanie

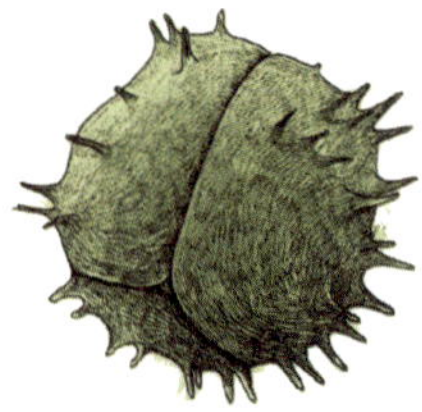

Aesculus hippocastanum

Ursprünglich stammt die Rosskastanie aus Griechenland und vom Balkan, ist dort aber selten geworden. Stattdessen gedeiht sie dank jahrhundertelanger Bemühungen von Landschaftsgärtnern weltweit in gemäßigten Breiten und ist ein beliebter Baum für Parks und Alleen.

In Kiew pflanzt man seit Anfang des 19. Jahrhunderts Rosskastanien. Zu Recht steht in vielen Hochglanzprospekten, dass es keinen besseren Ort als die Hauptstadt der Ukraine gebe, um sich an Kastanien zu erfreuen: Sie sind überall. Mit solidem Stamm, dichtem Geäst und der typischen glockenförmigen Krone wird jede Kastanie im Mai zum Riesen-Kandelaber. Dann erscheinen aus den klebrigen Knospen des Vorfrühlings handförmig gefiederte Blätter, und die üppigen Blüten-„Kerzen" ziehen Touristen und Bestäuber gleichermaßen an. Die Bienen tragen den Pollen, der die Wegbereiter für die männlichen Geschlechtszellen enthält, von Baum zu Baum und werden mit energiespendendem Nektar belohnt. Ist eine Blüte bestäubt, färben die Flecken auf den Blütenblättern sich karminrot. Dadurch wird den fleißigen Insekten signalisiert, dass sie ihrer Arbeit nun woanders nachgehen sollen. Das Geschäft beruht auf Gegenseitigkeit: Die Bäume können sich auf die Nektarproduktion in den Blüten konzentrieren, die noch unbestäubt sind, während den Bienen unnötige Wege erspart bleiben.

Die glänzenden Samen des Baumes, die aus stacheligen, innen gepolsterten Hüllen purzeln, sind – natürlich – kastanienbraun. In Großbritannien verwenden die Kinder sie für das Spiel „Conkers". Das ist ein Zeitvertreib, bei dem man ein Loch in die Kastanie bohrt, einen Schnürsenkel hindurchfädelt und versucht, mit der Kastanie am Band die des Gegners zu zertrümmern. Ganz wichtig sind dabei unvermeidliche Verhandlungsrunden über die Punkteverteilung und darüber, was passiert, wenn die Bänder sich verheddern. Außerdem muss man glaubhaft machen können, dass man die Kastanie nicht heimlich gebacken oder sonst wie präpariert hat, um die eigenen Chancen zu verbessern.

Der Kastanienbaum erinnert aber auch an finstere Zeiten in Europa. Mitten im Zweiten Weltkrieg konnte Anne Frank von dem Dachboden in Amsterdam, wo sie sich versteckt hielt, eine Rosskastanie sehen. Sie schrieb in ihr Tagebuch, dass die winterlich kahlen Zweige ihr Hoffnung gäben, weil sie im Frühling sicher wieder blühen würden. Doch das Versteck wurde verraten, und Anne hat nicht überlebt. Als der für Anne Frank so wichtige Baum 2010 starb, wurden seine Ableger an verschiedene Orte gebracht: lebende Hoffnungszeichen, die den Wunsch nach einer toleranten Gesellschaft verkörpern.

Kork-Eiche

Quercus suber

Die Kork-Eiche wächst sehr langsam. Der niedrige, immergrüne Baum mit den dicken, knotigen Ästen kann gut und gerne 250 Jahre alt werden und bildet frei stehend eine enorme Krone aus. Im Frühjahr heben sich gelbe Blüten wirkungsvoll vom dunkelgrünen Laub ab. Die Blätter sind stachelig wie die der Stechpalme, ledrig und oft dicht behaart.

Dieser Baum mag feuchte Winter und heiße Sommer – Bedingungen, die typisch für die Hügellagen des westlichen Mittelmeerraumes sind. Von der Atlantikküste bis nach Italien und von Algerien bis Tunesien bedecken Kork-Eichenwälder eine Fläche von etwa 26.000 km^2. Mehr als die Hälfte des weltweit produzierten Korks kommt aus Portugal, der Rest größtenteils aus Spanien.

Das Holz der Kork-Eiche ist nichts Besonderes, ihre dicke Rinde aber sehr wohl. Laut Plinius d.Ä. schätzten schon die Römerinnen Korksohlen an ihren Sandalen: weil die dicken Sohlen schön leicht waren und sie größer aussehen ließen. Die Rinde ist schwer entflammbar, z.B. bei Waldbränden, und isoliert so gut gegen Kälte, dass man die Benzintanks von NASA-Spaceshuttles mit Kork ummantelt. Natürlich ist die Herstellung von Kork traditionell eng mit Wein verbunden. Schon im alten Ägypten und in der griechischen Antike wurden Amphoren mit Korkstöpseln verschlossen; später begründete dann der Winzer-Mönch Dom Pérignon (sic!) eine himmlische Verbindung von Kork und Wein. Und heute heißt der Verschluss einer Weinflasche ganz einfach Korken.

Die Borke schützt die Kork-Eiche auch vor Schädlingen. Sie ist außergewöhnlich undurchlässig, sogar für Luft – keinem anderen natürlich vorkommenden, pflanzlichen Material können so viele Substanzen so wenig anhaben. Kork ist resistent gegen Wasser, Benzin, Öl und natürlich gegen Alkohol. Bei gleichbleibender Elastizität hält er extremem Druck stand, weshalb man Korken auch problemlos in enge Flaschenhälse drücken kann. Beim Schneiden von Kork bilden sich mikroskopisch kleine Hohlräume – unzählige winzige Vakuen, die verhindern, dass ein Korken vom glatten Flaschenhals abrutscht.

Die Kork-Eiche ist eine Ausnahmeerscheinung, weil ihre Rinde nach dem Schälen nachwächst. Die äußere Korkschicht kann zum ersten Mal geerntet werden, wenn der Baum etwa 20 Jahre alt ist, und dann wieder alle 10 Jahre. Im späten Frühjahr und im Frühsommer, wenn sich die Borke leicht abschälen lässt, werden Stamm und dicke Äste des Baumes bis zu einer Höhe von rund 2,5 m entrindet. Korkernte ist eine Kunst: Wenn der Schlag mit der Axt nicht kräftig genug ist, ist er wirkungslos; wenn er zu kräftig ist, wird der Bast verletzt, und die Borke kann nicht mehr nachwachsen. Ein Baum mittleren Alters kann bis zu 100 kg Kork liefern. Angesichts der Tatsache, dass das Material so wenig wiegt, ist das eine beachtliche Menge. Bei der Verarbeitung werden die Rinden gekocht, geschrubbt, zugeschnitten, gekürzt und unter Dampfdruck gepresst, bis schließlich Korken aus den Platten gestanzt und an Weingüter in aller Welt geliefert werden können. In der Woche nach der Ernte werden die zunächst glatten, goldbraunen Stämme der entrindeten Kork-Eichen rau und tiefrot. So wirken die Bäume merkwürdig nackt, wie Nordeuropäer in kurzen Hosen mit sonnenverbrannten Beinen.

Kork-Eichen sind wichtig für eine einzigartige, nachhaltige Bewirtschaftung von Habitaten, die in Portugal Montados genannt werden (in Spanien: Dehesas). Dort wird nicht nur Kork produziert, sondern es werden auch Schafe, Puten und Schweine mit den Eicheln der Kork-Eichen gemästet. Der Hutewald der Montados bietet vielen seltenen Arten Schutz: dem Pardelluchs, dem Kaiseradler und dem Schwarzstorch, außerdem Ringeltauben, Kranichen und Finken sowie einer Menge von kleinem Getier, von dem die Vögel sich ernähren.

Bedauerlicherweise ist das ökologische Gleichgewicht dieser Gegenden jedoch in Gefahr. Gelegentlich entwickelt Wein einen muffigen Geruch, den eine Substanz namens Trichloranisol verursacht, auf die unsere Nase so sensibel reagiert, dass ein durchschnittlicher Konsument ein tausendmillionstel Gramm davon in einem Glas herausschmeckt. In den 1980er und 1990er Jahren gab es Berichte über minderwertige Korklieferungen, die Wein verdorben („korkig" gemacht) hatten. Einige Weinproduzenten reagierten darauf, indem sie Kunststoffverschlüsse entwickelten. Mittlerweile weiß man zwar mehr über die Biochemie von Kork, die Produktion wird streng kontrolliert, und Korken verderben den Wein so gut wie nie mehr. Dennoch sind viele Produzenten dazu übergegangen, nur noch Schraub- und Plastikverschlüsse zu verwenden. Das ist ein Jammer, denn die Erhaltung des Lebensraumes Montado hängt von der Korknutzung ab. Sinkt die Korknachfrage, wächst der ökonomische Druck auf die Bauern, das Land auf andere Weise zu nutzen. Wenn Sie Wein mögen, sollten Sie also Flaschen mit Korkverschluss kaufen. Dann können Sie sich nicht nur über den Inhalt der Flasche, sondern auch darüber freuen, dass Sie einen Beitrag zum Artenschutz geleistet haben. Prost!

Die „Eicheln" der Tanoak (S. 203) sind nicht nur für Tiere, sondern auch für Menschen ein wichtiges Nahrungsmittel.

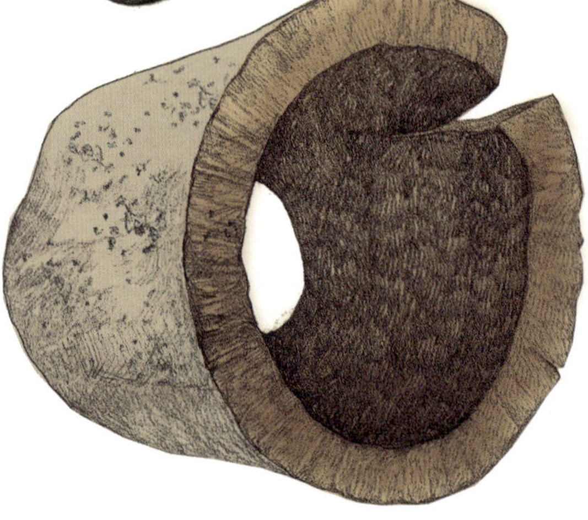

Arganbaum

Argania spinosa

Der Arganbaum wächst in Südmarokko und Teilen Algeriens, wo seine tiefen Wurzeln der ausgedörrten Erde Halt geben und er ein letztes Bollwerk gegen den Vormarsch der Sahara ist. Wie viele Wüstengewächse hat er kleine, ledrige Blätter und ist knorrig, langsamwüchsig und extrem dornig, was hungrige Pflanzenfresser abschreckt. Erstaunlicherweise klettern Ziegen trotzdem gern in seiner Krone herum. Ziegen – auf einem Baum?! So absurd das auch erscheint: Die behänden Tiere haben gelernt, den Dornen auszuweichen. Dabei geht es ihnen vor allem um die Früchte.

Die Arganfrucht ähnelt einer kleinen gelben Pflaume, die auf der einen Seite manchmal etwas abgeflacht ist. Eine dicke, gallenbittere Schale umgibt süß duftendes Fruchtfleisch von so bitterem Geschmack, dass sich – bei uns Menschen – alles im Mund zusammenzieht. In der Mitte sitzt ein eisenharter Kern mit ein oder zwei kleinen Samen darin. Aus diesen ölhaltigen Samen wird Arganöl für Küche und Kosmetik gewonnen. Die Ölherstellung ist in Marokko ein wichtiger Erwerbszweig, in dem etwa 3 Millionen Menschen tätig sind.

Im Hochsommer werden die reifen Früchte erst trocken, dann schwarz und fallen vom Baum herunter. Nun werden sie zusammen mit den säuberlich abgeknabberten Kernen eingesammelt, die die Ziegen ausgeschieden oder ausgespuckt haben. Da Ziegenaroma nicht überall auf dem Markt gut ankommt, entfernen die Berberfrauen das Fruchtfleisch mit der Hand (verfüttert wird es natürlich an Ziegen) und knacken die Kerne mithilfe von zwei Steinen. Dieses traditionelle Verfahren wird allerdings zunehmend durch die Verarbeitung in modernen Mühlen ersetzt. Wenn die Samen zermahlen sind, werden sie zu einer Paste geknetet, bis das Öl austritt. Arganöl kann man genau so verwenden wie Olivenöl. Außerdem verfeinert es Amlou, einen Brotaufstrich aus gemahlenen Mandeln und Honig. In Marokko werden mit dem Öl auch Hautkrankheiten und Herzleiden behandelt, während es in den reicheren Nationen als (kostspieliges) gesundes Salatöl sowie als Bestandteil von Haarpflege und Antifaltencremes beliebt ist.

Die Beziehung von Mensch, Ziege und Arganbaum ist kompliziert. Von der Ölvermarktung profitieren die Bäume nicht, denn bei boomenden Geschäften investieren die Marokkaner gern in – Ziegen. Tummeln sich aber zu viele Ziegen in den Bäumen, gehen die Tiere vom Verzehr der Früchte zu dem der Blätter über, was ihrem lustigen Anblick zum Trotz beträchtliche Schäden verursacht.

SPANIEN

Stein-Eiche

Quercus ilex

Die Stein-Eiche stammt aus den Ländern an der nördlichen Mittelmeerküste und kommt besonders häufig in Spanien vor. Der stattliche, robuste Baum hat eine ausladende Krone, dicht belaubte Äste und eine bräunlich-schwarze, unregelmäßig in kleine Platten aufgerissene Borke. Im Gegensatz zu anderen Eichen ist die Stein-Eiche immergrün. Ihre ovalen Blätter ähneln denen der Stechpalme (*Ilex aquifolium*), der sie ihren lateinischen Namen verdankt. Nur junge Blätter haben dornige Spitzen am Rand. Alte Blätter werden etwa zwei Jahre, nachdem neue zum Vorschein gekommen sind, abgeworfen. Das Laub ist gut an ein trockenes Klima angepasst: Während die Blattoberseite dunkelgrün ist, trägt die Blattunterseite einen grauen Haarfilz, der Licht reflektiert und eine Art Luftkissen enthält, das vor Verdunstung schützt.

Aus üppigen goldgelben Kätzchenblüten im Frühjahr entwickeln sich innerhalb von sechs Monaten die Eicheln. Andere Bäume, wie Weiden oder Birken, bringen jedes Jahr ungefähr die gleiche Menge an Samen hervor, die der Wind verteilt. Im Gegensatz dazu verfolgen Buchen und Eichen, die große – für hungrige Eichhörnchen attraktive – Samen haben, eine eigene Strategie. Sie produzieren jahrelang nur wenige Samen. Ab und zu kommt dann ein Jahr, in dem alle benachbarten Bäume einer Art gleichzeitig solche Mengen produzieren, dass man von einem „Mastjahr" spricht. Die Stein-Eichen liefern den Tieren so genügend Nahrung, stellen aber sicher, dass allen Bemühungen der Eichhörnchen zum Trotz auch genügend Eicheln keimen können. Auf eine gleichmäßige Eichelbildung würden die Tiere sich nämlich einstellen, bis es keine Sämlinge mehr gäbe. Für die kräftezehrenden Mastjahre speichern die meisten Eichenarten Nährstoffe aus dem Vorjahr. Die Stein-Eiche bringt in Mastjahren stattdessen deutlich mehr Blätter als Nahrung für die zusätzlichen Eicheln hervor. Im folgenden Jahr erholt sich der Baum dann wieder: Er trägt weniger Eicheln, wirft vermehrt Laub ab und bildet einen schmaleren Jahresring.

Mit den Eicheln der Stein-Eiche werden die Iberischen Schweine gefüttert, aus deren Fleisch der berühmte spanische Jamón Ibérico hergestellt wird. Sie fressen täglich 6 bis10 kg Eicheln, wobei sie den Fruchtbecher und andere ungenießbare Teile verschmähen. Was das andere Ende der gastronomischen Skala angeht, konnten spanische Forscher kürzlich nachweisen, dass Burger-Pattys ihren Geschmack trotz Braten, Kühlen und Wiedererhitzen behalten, wenn man sie vorher mit einem Extrakt aus Stein-Eicheln behandelt.

KORSIKA, FRANKREICH

Ess-Kastanie

Castanea sativa

Die Ess-Kastanie, auch Edel-Kastanie genannt, stammt aus einem Gebiet, das sich von Albanien bis zum Iran erstreckt. Im Mittelmeerraum wird der Baum wegen seiner mehligen, wohlschmeckenden Früchte seit über 2.000 Jahren angebaut. Die Maronen haben einen ähnlichen Nährwert wie Weizen. Sie können zu Mehl oder Schrot gemahlen werden und sind vielerorts in Europa ein herkömmliches Grundnahrungsmittel, besonders in Gegenden, wo das Klima rau ist und Getreide schlecht gedeiht: in den französischen Cevennen, im italienischen Voralpenraum und vor allem auf Korsika.

Sich selbst überlassen, wächst der Laubbaum bis zu 35 m hoch; sein Stamm ist gerade und kräftig. Die rostbraune, dicke Borke zeigt vielfach breite Streifen, die spiralig um den Stamm verlaufen. Die Blätter sind groß und grob gezähnt. Winzige Blüten an langen gelben Blütenständen verleihen dem Edelkastanienhonig einen herben, etwas bitteren Geschmack. Im Herbst sind die Maronen reif, glänzend braune Leckerbissen in hellgrünen, stacheligen (eichhörnchensicheren!) Hülsen, die man am besten behutsam mit Handschuhen öffnet. Am wohlschmeckendsten sind die Sorten mit nur einer Marone pro Hülse, die mit zwei oder drei kleineren Maronen darin eignen sich zur Tiermast. Auf Korsika und in den Cevennen werden die Maronen geröstet und karamellisiert, bevor sie gemahlen werden.

Der Anbau von Ess-Kastanien erfordert eine Menge Pflege. Die Bäume werden zu einer niedrigen, breiten Form beschnitten und in der Regel durch Pfropfen vermehrt, um robuste, ertragreiche Sorten zu erhalten. Allein auf Korsika gibt es etwa 60 verschiedene Kastaniensorten. Diese Vielfalt bietet einen Schutz gegen den Klimawandel, Schädlinge und Krankheiten und ist außerdem wichtig für die Kreuzbestäubung. Für eine gute Ernte müssen die Bäume intensiv gehegt und gepflegt, gepfropft und beschnitten werden; zudem muss der Boden einigermaßen unkrautfrei gehalten werden. Zum Lohn für diese Mühen prägen die Kastaniensorten einen speziellen *goût de terroir* (regionaltypischen Geschmack) – wichtig für den Stolz und die Würde jedes Dorfes.

Im Lauf der Geschichte haben Fremde immer wieder versucht, den Korsen ihren Lebensstil aufzuzwingen. So verpflichtete der herrschende Stadtstaat Genua Korsika im Mittelalter zum Anbau von Ess-Kastanien. Die korsischen Hirten sollten ihr halb nomadisches Leben aufgeben, effizienter wirtschaften und vor allem Steuern zahlen. Die Korsen nahmen den Baum an, entwickelten aber ein *castagnetu* genanntes Kultursystem, das sich in die traditionellen sozialen Verhältnisse einfügte. Das Land blieb Gemeinschaftsbesitz, und zwischen den Nutzbäumen ließ man Schafe und Schweine weiden.

Als Mitte des 18. Jahrhunderts die Franzosen kamen, war *castagnetu* bereits ein zentraler Bestandteil der korsischen Identität. Die Franzosen verkannten die Arbeit, die in hohen Maronenerträgen steckt, und sahen in der Ess-Kastanie die Ursache für die wirtschaftliche und sogar moralische Unterlegenheit der Insel. Für sie war *castagnetu* gleichbedeutend mit Faulheit, obwohl er in Wahrheit eine der am dichtesten besiedelten Regionen Europas ernährte. Sie zwangen die Korsen zum Getreideanbau, und die Korsen passten sich erneut an. Ähnlich wie bei den Kork-Eichenwäldern auf der Iberischen Halbinsel schufen sie ein ganzheitliches Bewirtschaftungssystem, das Ess-Kastanien und Getreide, Menschen und Tiere umfasst. Das System beruht auf Langzeitplanung: Die Früchte der Maronenbäume können nämlich erst nachfolgende Generationen ernten.

Der Erste Weltkrieg beraubte Korsika vieler Arbeitskräfte. Einige Bäume wurden zwecks Holzgewinnung gefällt, andere fielen Pilzerkrankungen zum Opfer. Doch *castagnetu* blieb ein Symbol des Widerstands gegen Fremdbestimmung. Seit den 1980er Jahren erfahren diese Bewirtschaftungsform und die Kastanienbäume vor Ort wieder zunehmend Unterstützung.

Aus dem leicht süßlichen Maronenmehl werden nach wie vor *pulenta*, die kräftiger und erdiger schmeckt als Maispolenta, und ein krümeliges Fladenbrot gemacht – in Maronen ist das Bindemittel Gluten nicht enthalten. Außerdem ist Kastanienmehl ein Bestandteil des korsischen Pietra-Biers, das durchaus süffig, aber nicht nach Maronen schmeckt. Anders ist das bei einem göttlichen Crêpe-Belag: der *crème de marrons* (gesüßtem Maronenmus).

Ziemlich bitter ist auch der Honig vom Erdbeerbaum (S. 17).

Gewöhnliche Fichte

Picea abies

Die Fichte ist überall in Europa heimisch, im hohen Norden ebenso wie in Gebirgen Mittel- und Südeuropas. Der kegelförmige Nadelbaum mit grau-bräunlichem, schuppigem Stamm und langen, zylindrischen Zapfen wird oft 50 m hoch, wobei ab einem Alter von etwa 20 Jahren die unteren Äste oft herabhängen. Der Hauptstamm kann 400 Jahre alt werden. Wenn Äste auf dem Boden aufliegen, wurzeln sie bisweilen fest, und es entwickelt sich ein neuer Stamm. Dank dieser Vermehrung durch sogenannte Absenker hat Old Tjikko, eine Fichte in der schwedischen Provinz Dalarna, ein Wurzelsystem ausgebildet, das mithilfe von Radiokohlenstoffdatierung auf ein Alter von rund 9.500 Jahren geschätzt wurde – auch wenn der sichtbare Stamm „nur" ein paar Jahrhunderte alt ist.

Der klassische Weihnachtsbaum ist eine Fichte. Auf Englisch heißt der Baum *Norway spruce*. Dazu passt, dass New York, Washington, D.C. und London jedes Jahr zur Weihnachtszeit vom Land Norwegen eine besonders schöne Fichte für einen repräsentativen Platz geschenkt bekommen – als Dank für Beistand im Zweiten Weltkrieg. Die Fichte bewegt uns als weihnachtlicher Blickfang, aber vielleicht noch mehr dadurch, dass aus ihrem Holz die Resonanzkörper der kostbarsten Saiteninstrumente der Welt gebaut werden.

Alle Geräusche, die wir wahrnehmen, sind Luftschwingungen. Dabei ist die Vibration einer einzelnen Saite kaum hörbar, denn sie versetzt nur ein klein bisschen Luft in Schwingung. Für ein Musikinstrument benötigt man einen Resonanzboden, der die Schwingung der gezupften oder gestrichenen Saite verstärkt und einen Schall abstrahlt, den unser Ohr gut wahrnehmen kann. Steife Materialien sind die besten Resonanzböden, weil sie die Schwingungen effizient von Molekül zu Molekül übertragen; bei elastischeren Materialien verpufft die Energie der durch sie hindurchwandernden Schallwellen. Ist ein Resonanzboden aber zu dicht, wird zu viel Energie dafür gebraucht, die Moleküle in Schwingung zu versetzen, und der Klang wird gedämpft. Auf die Klangfarbe und die individuellen Eigenschaften eines Instrumentes wirken sich aber auch andere Faktoren aus, so die Faserrichtung, die Größe der Zellwände und sogar der Lack.

Das Holz der Fichte wiegt nicht sonderlich viel, ist dafür aber verblüffend hart. Dank dieser ungewöhnlichen Kombination kann eine 2 bis 3 mm dünne Fichtenholzplatte den Klang gleichmäßiger und kräftiger verbreiten als jede andere Holzplatte. Fichte ist allerdings nicht gleich Fichte. Wenn Fichtenholz aufgrund von Höhenlage, magerem Boden und niedrigen Temperaturen ganz langsam gewachsen ist, ist es besonders hart, und die Geige klingt besonders volltönend und schön. Daher bestehen die kostbarsten Gitarren, Violinen und Celli aus dem Holz langsam gewachsener alpiner Fichten.

Wenn Geigenbauer wie Stradivari und Guarneri Klangholz für ihre Instrumente benötigten, griffen sie zu Fichtenholz, das eine Tagesreise von ihren Werkstätten in Cremona entfernt aus den italienischen Alpen kam. Ein Grund für die besondere Qualität der Instrumente aus dem 17./18. Jahrhundert ist, dass sie aus Holz bestehen, das während der Kleinen Eiszeit ab dem 15. Jahrhundert gewachsen ist. In diesen Jahrhunderten der Kälte und der geringen Sonnenaktivität hatten die ohnehin langsamwüchsigen Fichten in den Alpen ungewöhnlich schlechte Wachstumsbedingungen. Die Bäume bildeten sehr schmale Jahresringe und prägten ein enorm festes und doch biegsames Klangholz: beste Voraussetzungen für das Goldene Zeitalter des Geigenbaus.

Seit dem Niedergang der Wälder um Cremona kommt ein Großteil des europäischen Klangholzes heute aus der Schweiz, wo Experten im Auftrag kleiner Familienbetriebe nach möglichst wenig knotigen und langsamwüchsigen Stämmen suchen. Gefällt werden solche Bäume in den Wintermonaten, traditionell unmittelbar vor Neumond, aber nur in strikt begrenzter Anzahl. Das Holz wird zersägt und mindestens 10 Jahre lang getrocknet; noch besser ist eine Lagerzeit von 50 Jahren. Klopft man hinterher mit den Fingerknöcheln auf ein geigengroßes Klangholzbrettchen, ertönt ein voller Klang – der natürlich seinen Preis hat.

Wissenschaftler versuchen derzeit, ein ähnlich hochwertiges Material auch in unserer wärmeren Zeit zu produzieren. Dafür behandeln sie frisch geschnittenes Fichtenholz mit einem Pilz, der die Zellwände zersetzt, sodass das Holz an Gewicht, aber nicht an Steifigkeit verliert. Die Ergebnisse sind vielversprechend, doch vorerst wird Qualitätsklangholz im Großen und Ganzen weiter so hergestellt wie zu Stradivaris Zeiten. Was sind schon ein paar Jahrzehnte, wenn ein 200 oder 300 Jahre alter Baum zu einer Geige wird, die uns mit ihrem Klang mindestens ebenso lange erfreut?

Für sein Gewicht ist das Holz des Balsabaums (S. 178) ebenfalls sehr stabil.

ITALIEN

Schwarz-Erle

Alnus glutinosa

Auf den ersten Blick fällt die Schwarz-Erle nicht groß auf, auch wenn sie mit ihren herabhängenden Kätzchen und kleinen Zapfen bei Floristen durchaus beliebt ist. Ihre dunklen, ovalen Blätter haben eine abgerundete, eingekerbte Spitze, und junge Triebe kleben häufig etwas (daher das *glutinosa* im lateinischen Namen). Das wäre es dann auch schon. Aber das Äußere kann bekanntlich täuschen – umso bemerkenswerter ist bei Erlen nämlich das Innere.

Diese Bäume lieben Wasser. Sie gedeihen am besten an Flussufern oder in feuchten Niederungen. Erlen haben eine ungewöhnliche Symbiose mit Stickstoff bindenden Bakterien, die in bisweilen apfelgroßen Wurzelknollen leben. Die bakteriellen Untermieter erhalten Zucker vom Baum und versorgen ihn im Gegenzug mit Dünger, der es ihm ermöglicht, sich in unfruchtbarem Feuchtboden anzusiedeln.

Die besondere Beziehung zum Wasser prägt das Erlenholz. Als die Venezianer im 12. Jahrhundert den schlammigen Boden in ihrer Region befestigen und weiter besiedeln wollten, bestanden die meisten Schleusentore bereits aus Erlenholz. Es war bekannt, dass feuchtes Erlenholz an der Luft schnell verrottet, unter Wasser dagegen sehr haltbar ist. Tatsächlich hält Erlenholz unter Wasser jahrhundertelang: Chemische Bestandteile in den Zellwänden verhindern die Ausbreitung fäulniserregender Bakterien. Die Venezianer erkannten, dass Pfähle aus Erlenholz stabil genug sein würden, um große Gebäude zu tragen, und waren unverfroren genug, daraufhin eine Traumstadt in einer Lagune zu gründen.

Venedigs Erbauer ummauerten und entwässerten kleine Areale, um dann Pfähle (etwa neun pro m^2) so tief in den Untergrund zu rammen, dass sich deren Oberkanten auch beim niedrigsten Wasserstand noch unter Wasser befanden. Die Zwischenräume wurden mit Ziegel- und Steinbruch gefüllt und obenauf dicke Lärchenbohlen genagelt, auf denen sich das enorme Gewicht der Steingebäude später verteilen konnte. Für die größten Bauten brauchte man dickere Stützpfähle aus Eichenholz, aber große Teile Venedigs, darunter die Rialto-Brücke und viele hohe Glockentürme, ruhen buchstäblich auf Erlenholz.

Die Erle stützt also die architektonische Bravour, der Venedig sein wachsendes Selbstbewusstsein verdankte. Ohne diesen Baum wäre der Stadtstaat vielleicht auch nie eine militärische Großmacht geworden. Erlen lieferten damals nämlich das Holz für eine mühelos pulverisierbare Holzkohle von enormer militärischer Bedeutung. Mit Schießpulver aus Erlenkohle flogen Schrot und Kanonenkugeln besonders weit; und Granaten hatten eine größere Zerstörungskraft als solche, für die weniger hochwertige Kohle verwendet worden war. Bis heute wird das beste Schießpulver aus Erlenholzkohle hergestellt. Früher erzeugte zudem einzig die Verbrennung von Holzkohle die enorme Hitze, bei der Eisen hergestellt werden konnte – entscheidend für die Produktion von Werkzeugen und Schiffsbauteilen.

Ende des 14. Jahrhunderts gab es ein Viertel in Venedig, in dem *getto* (Metallguss) stattfand – das spätere jüdische Viertel oder Ghetto. Dort standen einige der effizientesten Schmelzhütten der damaligen Welt; befeuert wurden sie mit Erlenkohle. Im Arsenal von Venedig schafften es 16.000 Arbeiter, sage und schreibe ein komplett ausgestattetes Flottenschiff pro Tag zu produzieren. Das mittelalterliche Venedig, das auf wirtschaftliche und militärische Stärke setzte, hatte wenig gemein mit dem romantischen Themenpark von heute.

Die Stadt hatte einen gewaltigen Holzbedarf. Gefragt waren natürlich Erle, Eiche für dicke Pfähle und Schiffe, Buche für Ruder und massenhaft billigeres Holz zum Kochen und Heizen. Die Versorgung mit Holz musste daher gesichert werden. So waren große Waldgebiete auf dem Festland ausschließlich staatlicher Nutzung vorbehalten, und Mitte des 16. Jahrhunderts gab es eine ganze Armee von Inspektoren, Kartierern und Waldhütern, die die wertvollsten Bäume sogar mit dauerhaften Brandzeichen markierten. Sie kontrollierten die Waldarbeiter sowie die Zunft der Flößer, die das Holz auf Wasserwegen durch die Lagune zum Markt brachten.

Jeder Holzsorte kam eine bestimmte Aufgabe zu, aber es war Erlenholzkohle, mit der die Metallteile für die Handels- und Kriegsschiffe geschmiedet wurden und die das Pulver für deren Kanonen hergab. Auf Erlenholzpfählen ruhten auch die Unterkünfte der Handwerker, die sie herstellten. Gut 700 Jahre später tragen dieselben Pfähle immer noch die „schwimmende Stadt“ Venedig: die prachtvollen Gebäude ebenso wie die Touristen.

KRETA, GRIECHENLAND

Echte Quitte

Cydonia oblonga

Die Heimat der Quitte liegt im Kaukasus und im Iran, wo die Sommer heiß und die Winter rau sind. Der kleine, gebogene Baum blüht nur, wenn die Temperatur im Winter mindestens 14 Tage unter 7 °C gelegen hat. Quittenfrüchte ähneln Äpfeln und Birnen, sind aber etwas größer und knubbeliger. Alle drei gehören zu den sogenannten Apfelfrüchten – d.h., ihr Fruchtfleisch ist der vergrößerte Fruchtansatz, von dem die Blütenblätter abgefallen sind. Die goldgelben, filzig behaarten Quitten sind im Rohzustand hart und wirken adstringierend (zusammenziehend).

Die meisten Quittenbäume stehen in der Türkei, die ein Viertel der Welternte liefert. Ihren Namen verdankt die Quitte (lat. *cotonium*, frz. *coing*) jedoch der antiken Stadt Kydonia im Nordwesten Kretas. Im Mittelmeerraum werden Quitten seit der Antike als Zutat in süßen und herzhaften Gerichten verwendet und sind aus Kultur und Landschaft nicht wegzudenken. Im deutschsprachigen Raum kennen wir Zubereitungen wie Quittengelee oder Quittenbrot, eine Süßigkeit in Form von geschnittener fester Quittenmarmelade.

Quitten gelten als Symbol der Liebe und Schönheit. Die griechische Mythologie erzählt z.B. von einem goldenen „Apfel", den Paris der Liebesgöttin Aphrodite gibt: Dabei handelt es sich zweifellos um eine Quitte. Um 600 v. Chr. war es Sitte, dass die Athenerinnen in der Hochzeitsnacht Quitten verzehrten, weil diese den Atem, die Stimme und den Geist verfeinern sollten. Quitten ließen römische Schlafgemächer duften, in der Kunst der Renaissance standen sie für Liebe, Treue und Fruchtbarkeit. Noch heute sind Quitten in Griechenland eine Zutat für Hochzeitskuchen. In geschlossenen Räumen wirkt Quittenduft fast berauschend, was den Ruf der Frucht als Aphrodisiakum begründet haben mag. Ein Augenschmaus ist es auch, wenn das helle Fruchtfleisch beim Erwärmen eine rötliche Farbe annimmt.

Wie die meisten modernen Nutzpflanzen sind auch die Quitten durch Inzucht gefährdet. Jahrtausendelang haben die Bauern bestimmte Eigenschaften wie Größe und Schmackhaftigkeit der Früchte durch Selektion verstärkt. Durch Kreuzen und Rückkreuzen innerhalb des zunehmend einseitigen Bestands geht aber die genetische Vielfalt zurück, mit der Folge, dass die Bäume bei wärmeren Wintern oder der Abwehr von Schädlingen möglicherweise nicht mehr so widerstandsfähig sind. Die wild wachsenden Vorläufer der Quitten im Kaukasus haben dagegen noch die ursprüngliche genetische Vielfalt, auf die Züchter vielleicht bald wieder zurückkommen müssen und die wir schützen sollten.

Lorbeerbaum

Laurus nobilis

Der Lorbeer, ein immergrünes Gewächs aus dem Mittelmeerraum, kann eine Terrassenpflanze, ein buschiger Strauch im Kräutergarten oder ein stolzer, bis zu 15 m hoher Baum sein. Kleine gelbe Blüten, die an kurzen Stielen in Dolden zusammenstehen, werden bei weiblichen Pflanzen zu glänzenden blauschwarzen Beeren mit je einem Samen. Die Blätter sind derb und lanzettförmig, mit dunkel glänzender Oberseite; darunter sitzen Drüsen, die ätherische Öle enthalten. In der Küche dienen Lorbeerblätter zum Aromatisieren von herzhaften Gerichten – gegrillter Fisch ist z.B. besonders lecker, wenn man mit Lorbeerblättern gespickte, gebackene Zitronenspalten darüber ausdrückt. In Südeuropa werden die schärfer schmeckenden Beeren auch gemahlen verwendet.

Für die alten Griechen war der Lorbeer heilig. In der Mythologie verwandelt sich die Nymphe Daphne in einen Lorbeerstrauch, um den Nachstellungen des liebestollen Gottes Apoll zu entgehen. Der frustrierte Apoll will daraufhin wenigstens den Baum haben, wenn er Daphne schon nicht bekommen kann – sodass er seit der Antike stets mit einem Lorbeerkranz dargestellt wird. Lorbeer bedeutete in Griechenland also Reinheit. Feldherren, die aus dem Krieg zurückkehrten, trugen Lorbeerzweige zunächst als Wiedergutmachung für ihr Blutvergießen. Später standen Lorbeerkränze bei den Griechen und dann bei den Römern für Sieg und schließlich allgemein für besondere Leistungen.

Auf Griechisch heißt Lorbeer immer noch *dáfni*. Das englische Wort *laurel* kommt dagegen vom lateinischen Begriff *bacca lauri* („Beere des Lorbeers"), aus dem auch die englischen Bezeichnungen *baccalaureate* und *bachelor* für Universitätsabschlüsse hervorgegangen sind. Ein anderes Wort für Preisträger ist „Laureaten", und italienische Studenten tragen an ihrem Examenstag Kränze mit Lorbeeren, allerdings wohl nicht, um sich auf Letzteren auszuruhen.

Die Samen des Lorbeerbaums werden wie die der Vogelbeere (S. 18) von Vögeln ausgebreitet.

Echte Feige

Ficus carica

Feigen sind Nutzpflanzen, die auch in sehr trockenen Gebieten wachsen. Ihre enorm langen Wurzeln suchen sich Wasser in der Tiefe, sodass ein Feigenbaum auch aus Fels- oder Mauerspalten hervorsprießen kann. Feigen wachsen als Busch oder bis zu 12 m hoch als Baum und haben eine glatte, graue Rinde. Im Winter sind sie kahl, aber im Spätfrühling erscheinen breite, rauhaarige Blätter – genau zur rechten Zeit, wenn Mensch und Tier Schatten brauchen.

Jahrhundertelangen künstlerischen Bemühungen zum Trotz eignet sich das Feigenblatt nicht dafür, Adams oder Evas Blöße wirkungsvoll zu bedecken. Dafür sind seine Einbuchtungen einfach zu groß. Gleichwohl ist die Feige im Mittelmeerraum und im Nahen Osten, wo sie seit über 4.000 Jahren angebaut wird, eng mit dem Thema Fruchtbarkeit verbunden. Auch botanisch dreht sich bei der Feige alles ums Geschlecht.

Die „Frucht" des Feigenbaumes ist entweder männlich oder weiblich und birnenförmig. Im Inneren ist die Feige mit einem dicken, fleischigen „Teppich" ausgekleidet – einer Menge von kleinen Einzelblüten. Eigentlich ist die Frucht also ein Fruchtverband, den man auch „Sykonium" (von griech. *sykon* = Feige) nennt; das Wort „Sykophant" hat denselben Ursprung und bezieht sich auf gewerbsmäßige Ankläger im alten Athen, die jeden anzeigten, der das Ausfuhrverbot von Feigen umging.

Grundsätzlich gibt es zwei Arten von Feigenbäumen: Die weiblichen Bäume, mit weiblichen Blüten, tragen die saftigen Früchte, die wir essen. Die männlichen Bäume tragen holzige, ungenießbare Bocksfeigen, in denen einige Blüten männlich sind und einige weiblich. Bocksfeigen heißen übrigens so, weil Ziegen die einzigen Tiere sind, die sie fressen. Die Herausforderung für die Echte Feige besteht nun darin, den Pollen von den männlichen Blüten aus einer „Frucht" des Bocksfeigenbaums zu den weiblichen Blüten zu bringen, die sich innerhalb der „Früchte" eines weiblichen Baumes befinden.

Bei den meisten anderen Baumarten werden die Blüten vom Wind bestäubt, oder sie sind knallbunt und enthalten süßen Nektar, um Bestäuber anzuziehen. Die Insekten transportieren den Pollen dann direkt zu den weiblichen Teilen einer Blüte. Bei der Gattung *Ficus* liegen die Dinge jedoch anders. Jede Feigenart ist bei der Bestäubung auf eine bestimmte Wespenart angewiesen. Für *Ficus carica* ist die *Blastophaga*-Wespe zuständig, genauer gesagt: die weiblichen Tiere, stachellos und nur ein paar Millimeter lang. Die Art und Weise, wie die Wespen vorgehen, ist so köstlich wie ein barockes Theaterstück. Die Wespen beider Geschlechter entwickeln sich als Brut in den männlichen Bocksfeigen. Noch bevor eine weibliche Wespe geschlüpft ist, wird sie von einer männlichen Wespe begattet, die sich anschließend ihren Weg nach draußen bahnt und stirbt. Jetzt produzieren die männlichen Blüten innerhalb der Bocksfeige den Pollen. Nach kurzer Rast verlässt die weibliche Wespe die Bocksfeige durch ein von einem Männchen geschaffenes Ausgangsloch und sammelt im Gehen den Pollen ein.

Geleitet von ihrem Geruchssinn, fliegt sie auf der Suche nach einer anderen Feige davon, um ihre Eier abzulegen. Hat sie eine gefunden, quetscht sie sich durch das kleine Loch an der Unterseite der Feige und verliert dabei Flügel und Fühler. Wenn die Feige, in die sie eingedrungen ist, eine Bocksfeige ist, legt sie ihre Eier. Daraus schlüpfen später die Nachkommen, die den Kreislauf weiter fortsetzen. Wenn die Wespe aber in eine weibliche Feige eingedrungen ist, hat sie verloren. Obwohl sie von Blütchen zu Blütchen wandert (und den Pollen dabei verbreitet), passen die Blüten in einer weiblichen Feige nicht zu ihrem Körperbau: Hier kann sie ihre Eier nicht ablegen. Die Feigenblüten werden zwar bestäubt und es entwickeln sich etliche kleine Samen daraus, aber keine Wespenlarven. Die weibliche Wespe ist dem Tode geweiht und wird von Pflanzenenzymen verdaut. Die weibliche Feige dagegen schwillt an und wird süßer, wodurch sie Fledermäuse und Vögel – und Menschen – anlockt, die ihre Samen weiter ausbreiten. Dadurch, dass frische Feigen abführend wirken, ist auch dafür gesorgt, dass Setzlinge einen nahrhaften Start bekommen.

Sogenannte parthenokarpe Feigenarten sind Zuchtformen, die auch ohne Bestäubung Frucht tragen. In der Türkei, dem größten Erzeugerland von Feigen, ist die beliebteste Feigensorte jedoch der Typ „Smyrna" (benannt nach einer antiken Stadt an der türkischen Ägäisküste, dem heutigen Izmir). Die Smyrna-Feige und ihr kalifornischer Abkömmling, die Calimyrna-Feige, sowie weitere besonders schmackhafte Sorten werden von Wespen bestäubt. Anfängliche Versuche, die Smyrna-Feige in den USA zu kultivieren, sind übrigens daran gescheitert, dass die amerikanischen Züchter die bäuerliche Tradition aus dem Nahen Osten, Bocksfeigenzweige in die Obstgärten zu hängen, als Hokuspokus abtaten. Tatsächlich ist das aber eine Ermunterung für die Feigenwespen, als Mittler zwischen den Geschlechtern tätig zu sein.

Echte Zypresse

Cupressus sempervirens

Die Echte Zypresse ist etwas Besonderes, weil sie zwei ganz verschiedene Wuchsformen hat. Die Wildform *horizontalis* wird bereits in der Bibel erwähnt. Ihr ursprüngliches Verbreitungsgebiet sind der östliche Mittelmeerraum und der Nahe Osten, wo man sie heute noch in freier Natur findet. Sie sieht auch uralt aus. Kräftig und ausladend, wie sie ist, mit knorrigen, abgespreizten Ästen, kann sie 30 bis 50 m hoch werden. Die Varietät *stricta* hingegen hat eine Säulenform. Bei ihr zeigen die Äste stramm nach oben und liegen eng am Hauptstamm an. Dieser schlanke Baum ist bei der Ausbreitung auf den Menschen angewiesen; wahrscheinlich ist er eine Zuchtform der alten Römer. Er ist im ganzen Mittelmeerraum verbreitet, wo seine aufrechte Gestalt die Landschaft in Südfrankreich und in der Toskana wie ein Ausrufezeichen durchsetzt. Im Boboli-Garten in Florenz sehen die Zypressen der 300 Jahre alten Allee wie Wachposten aus.

Die stummeligen, dunkelgrauen, schuppenförmigen Blätter der Zypresse stehen kreuzgegenständig an den Zweigen. Sie sind für ein trockenes, sonniges Klima bestens geeignet. Männliche und weibliche Blüten wachsen an demselben Baum; bestäubt werden sie durch den Wind. Die gelb bis gelbbraun gefärbten männlichen Blüten sehen auf dem Laub ein bisschen wie ein Bienenschwarm aus. Die befruchteten weiblichen Blüten reifen zu silbrig-grauen Zapfen heran. Im Spätherbst, wenn sie walnussgroß sind, öffnen sie sich und setzen ihre Samen frei – bis auf einige Zapfen, die als „Feuerversicherung" geschlossen bleiben. Sie säen die nächste Generation aus, wenn die große Hitze vorbei ist.

In der Antike verwendeten die Ägypter das harzige Zypressenholz für Sarkophage und insektendichte Truhen, und der Baum gab Zypern, wo er auch heimisch war, seinen Namen. Für die Römer waren die Minen auf Zypern von strategischer Bedeutung, weil sie Kupfer lieferten, das zusammen mit Zinn für die Bronzeherstellung gebraucht wurde. Im antiken Rom wurde Kupfer daher *aes cyprium* („Erz aus Zypern") genannt. Daraus wurde erst *cyprum*, dann *cuprum*. Der lateinische Begriff steht heute noch hinter dem Kürzel „Cu", mit dem Kupfer im Periodensystem der chemischen Elemente gelistet ist – und hinter dem Begriff für Kupfer in vielen anderen Sprachen.

Der Baum, und somit auch die Insel Zypern, ist nach Kyparissos benannt, einer Gestalt aus der griechischen Mythologie. Der Sage nach tötete der Knabe Kyparissos versehentlich den Lieblingshirsch des Gottes Apollo. Voller Reue bat er die Götter, ihn ewig trauern zu lassen. Daraufhin verwandelte Apollo den Knaben in eine Zypresse und seine Tränen in Harz. Die Zypresse wurde zum Symbol für die unsterbliche Seele, allerdings auch für Tod und Unterwelt. Sie wird immer noch gern auf Friedhöfen gepflanzt.

Dattelpalme

Phoenix dactylifera

Die Dattelpalme taucht in der 3.000 Jahre alten hebräischen Literatur, auf assyrischen Reliefs und ägyptischen Papyri auf. Sie stammt aus einer Gegend irgendwo zwischen Nordostafrika und Mesopotamien und wird im Nahen Osten seit Jahrtausenden als Kulturpflanze genutzt. Die Dattelfrucht ist in dieser Region von großer kultureller Bedeutung und zugleich ein Grundnahrungsmittel, das bis zu zwei Drittel Zucker enthält. Datteln haben den Lauf der Geschichte geprägt, weil sie vielen Menschen das Leben in der Wüste ermöglicht haben. Heute gibt es allein in Ägypten 15 Millionen Dattelpalmen. Über eine Million Tonnen Datteln werden dort jährlich geerntet, aber nur etwa 3% davon exportiert.

Botaniker, die es ganz genau nehmen, betrachten die Dattelpalme nicht als Baum, weil ihr Stamm kein Holz enthält – wir anderen sollten uns damit zufriedengeben, dass diese Palme sich selbst trägt. Ihr Stamm ist durch Blattstielnarben gezeichnet, wächst bis zu 25 m in die Höhe und trägt 20 bis 30 Blätter, die bis zu 5 m lang werden können. Wenn die Bäume Zugang zum Grundwasser haben oder in sengender Hitze gut bewässert werden, können sie 150 Jahre alt werden. Eine Dattelpalme ist entweder männlich oder weiblich, und der Pollen der männlichen Pflanze muss die Blüten der weiblichen erreichen, wenn diese Früchte tragen sollen. Statt dem Wind oder Insekten zu vertrauen, bestäuben Dattelpalmenbesitzer die Blüten meist lieber von Hand. Früher musste man dafür die Bäume hinaufklettern, heute werden die Pollen von einer Hebebühne aus auf die Palmen gesprüht. Die Vermehrung erfolgt in der Regel durch Klone aus pflanzlicher Gewebekultur oder durch Ableger, die aus dem Stamm der Mutterpflanze austreiben, wenn Erde ringsherum aufgehäuft wird. Durch diese Verfahren wird die Anzahl der männlichen, nicht fruchttragenden Bäume verringert, und eine verlässliche Kontrolle über den Bestand der heute bestehenden Sorten ist gewährleistet.

Im Jahr 2005 fand man durch Radiokohlenstoffdatierung heraus, dass Dattelkerne, die in Israel bei der Festung Masada am Toten Meer gefunden worden waren, rund 2.000 Jahre alt waren. Mit Wasser, Dünger und einer Hormonbehandlung brachten die Forscher einen der Kerne erfolgreich zum Wachsen. Diese (männliche) Pflanze wird als Judäische Dattelpalme bezeichnet. Sie gilt als das einzige Exemplar einer Sorte, die schon Josephus und Plinius d. Ä. erwähnt und gelobt haben. Man nannte den Spross „Methusalem" und pflanzte ihn in einem Kibbuz in der Wüste Negev ein. 2017 war er bereits 3 m hoch geworden, blühte und produzierte Pollen. Man hofft nun, dass es gelingt, diese Palme mit weiblichen Exemplaren, die ebenfalls aus der judäischen Wüste stammen und die man zum Keimen gebracht hat, zu paaren. Wer weiß, welche nützlichen Eigenschaften die neue, alte Frucht dann haben mag?

Libanon-Zeder

Cedrus libani

Es ist nicht übertrieben zu sagen, dass diese majestätische Zeder eine entscheidende Rolle in der Zivilisationsgeschichte gespielt hat. Die Untersuchung von Bodenproben hat aufgrund des in der Erde enthaltenen Pollens ergeben, dass sich vor 10.000 Jahren noch riesige Zedernwälder von der östlichen Mittelmeerküste bis nach Mesopotamien (der heutige Südwesten Irans) erstreckten. Natürlich wächst die Libanon-Zeder heute nur noch im Libanongebirge, in Syrien und der Südtürkei, wenngleich sie in Westeuropa und Teilen der USA eine beliebte Zierpflanze für Parks und Gärten ist. Wie sind die Helden gefallen!

Die Libanon-Zeder wirkt sehr elegant für einen großen Baum, der 35 m hoch werden und einen Stammdurchmesser von 2,5 m erreichen kann. Dafür, dass dieser Nadelbaum Schnee verträgt, sind die Äste ungewöhnlich horizontal ausgerichtet und solide gebaut, was durchaus beunruhigend sein kann: Ausgewachsene Exemplare werfen nämlich hin und wieder einen tonnenschweren Ast ab – ohne ersichtlichen Grund und beileibe nicht nur bei schlechtem Wetter. Die flaschen- oder blaugrünen Nadeln wachsen spiralig oder in Büscheln. Die dunkelgraue Rinde ist sehr wohlriechend, was einen Spaziergang durch einen Zedernwald zu etwas ganz Besonderem macht. Die ovalen Zapfen sind ungefähr so groß wie eine Zitrone, erscheinen nur jedes zweite Jahr und brechen bei Samenreife auseinander, wobei sie zahlreiche winzige Samen freigeben.

Die Libanon-Zeder hat eine Menge Vorzüge. Sie übersteht Frost im Winter ebenso wie anhaltende Trockenzeiten im Sommer; sie hat ein schönes, duftendes rötliches Holz, das nicht schnell verrottet und in großen Längen verfügbar ist. All das ist ihr wohl zum Verhängnis geworden. Im antiken Assyrien, Persien und Babylon war Zedernholz ein begehrtes Material für den Palast- und Tempelbau. Das Seefahrervolk der Phönizier verwendete das Holz, um Schiffe, Gebäude und Möbel zu bauen, betrieb aber auch einen schwunghaften Holzhandel. Die alten Ägypter benutzten Zedernharz für Einbalsamierungen, außerdem wurden Zedernspäne in Pharaonengräbern verstreut neben Zedernholztruhen gefunden. Die Libanon-Zeder ist auch aus der Bibel bekannt – und das Dach des Tempels von Jerusalem, um 830 v. Chr. unter König Salomo errichtet, bestand aus Zedernholz. Da sanitäre Anlagen damals kaum vorhanden waren, dürften die desinfizierenden, insektenabwehrenden Eigenschaften des Holzes und sein angenehmer Geruch sehr praktisch gewesen sein. Heute wird Zedernöl gern benutzt, um Kleidermotten loszuwerden, und in der Südtürkei schützt *katran*, ein teerartiges Zedernextrakt, Holzkonstruktionen gegen Insekten und Fäulnis.

Uralte Erzählungen enthalten das Fällen von Zedern oft als ein Bild dafür, dass der Mensch die Herrschaft über die Natur anstrebt. So überwinden die Helden im Gilgamesch-Epos, das die Sumerer vor rund 4.000 Jahren in Tontafeln eingraviert haben, Humbaba – den halb tierischen, halb göttlichen Hüter des Zedernwaldes – und reißen als Demonstration ihrer Macht die Bäume nieder. Inspiration für diese Geschichte war vermutlich der Raubbau im wirklichen Leben. Immer wieder einmal gab es Bemühungen, die Abholzung einzudämmen; der römische Kaiser Hadrian erklärte die Zedernwälder im Jahr 118 n. Chr. sogar zu kaiserlichem Besitz. Leider steht es seither nicht so gut um die Zeder. Für den Libanon ist sie ein Nationalsymbol – die Hymne des Landes rühmt die Herrlichkeit des Landes, die in seinen Zedern liege, seinem „Symbol der Ewigkeit", und der Baum ist auf der libanesischen Flagge abgebildet. Die Behörden versuchen, die letzten prächtigen Bestände zu schützen. Trotz des Namens „Libanon-Zeder" kommt der Baum heute aber am häufigsten im türkischen Taurusgebirge vor.

In jüngster Zeit gibt die Erderwärmung Anlass dazu, nach Baumarten zu suchen, die zukünftig in Mitteleuropa gedeihen können. Erste Versuche deuten darauf hin, dass die Libanon-Zeder hierfür infrage kommt. Der Klimawandel könnte sich also als (längst überfälliger) Anreiz für die Erhaltung der Art erweisen. Doch unermesslich große Zedernwälder, wie Humbaba sie einst bewacht haben soll, kann man sich momentan nur schwer vorstellen.

Zedern werfen gelegentlich ganze Äste ab, Wollemikiefern (S. 152) ständig.

Olivenbaum

Olea europaea

Er ist von gedrungener Gestalt, knorrig und bemerkenswert resistent gegen Hitze, Trockenheit und Ziegen: der Olivenbaum. Olivenbäume können gut und gerne 1.000 Jahre alt werden und fast ihr ganzes Leben lang Früchte tragen. Die Blätter sind oben graugrün und unten silbrig, weil auf der Unterseite winzige schuppenförmige Haare sitzen. Die Schuppenhaare mindern die Verdunstung von Feuchtigkeit bei Hitze und starkem Wind und sorgen für das charakteristische schimmernde Aussehen, das den Baum zum Inbegriff des Mediterranen macht.

Die größten Anbaugebiete liegen heute in Spanien und Italien. Gleichwohl haben Olivenbäume eine besondere Beziehung zum Nahen Osten, wo sie seit der Jungsteinzeit genutzt und seit mindestens 5.000 Jahren angebaut werden, um Nahrung, Medizin und – vor allem – Öl aus ihren Früchten zu gewinnen. In vielen Sprachen leitet sich das Wort „Öl" von dem altgriechischen Begriff für Olive ab (auch ital. *olio* und frz. *huile*). Oliven haben unter allen Früchten den höchsten Energiegehalt; man schätzt sie gleichermaßen als Nahrungsmittel wie als Brennstoff für Öllampen. Das Hebräische und das Arabische haben mit *zayit* bzw. *zeytoun* übrigens ähnliche Wörter für die Olive, deren gemeinsames Ursprungswort möglicherweise einmal „Helligkeit" bedeutete.

Der Olivenbaum wird im Judentum, im Christentum und im Islam verehrt und mit Licht, Stärkung und Reinigung verbunden. Im Alten Testament bringt die Taube Noah einen Olivenzweig auf die Arche: ein Zeichen, dass die Sintflut vorüber ist und der Zorn Gottes sich gelegt hat. Seitdem steht der Olivenzweig für Frieden. Leider ist der aber in einer Region, in der Juden, Muslime und Christen, Araber, Israelis und Palästinenser zusammenleben, ständig bedroht. Wie lassen sich diese Nachbarn und Mitbürger nur überzeugen, dass es, um ihrer Kinder willen, eine friedliche Koexistenz geben muss, die Bestand hat und alle zufriedenstellt – egal, was in der Vergangenheit einmal richtig oder falsch war? Der tolerante Olivenbaum und das mit ihm verbundene, gemeinsame kulturelle Erbe könnte vielleicht diejenigen inspirieren, die die Wogen glätten wollen.

Olivenblätter sind schuppig, was den Wasserverlust reduziert. Die Blätter der Stein-Eiche (S. 48) haben dafür eine andere Methode.

Weißer Kapokbaum

Ceiba pentandra

Ein ausgewachsener Kapokbaum ist ein Riese. Er ist der höchste in Afrika heimische Baum, manchmal so groß wie ein 20-stöckiges Hochhaus, mit einer enormen, ausladenden Krone. Der grüne Stamm junger Kapokbäume ist eigenartigerweise dicht mit kegelförmigen Stacheln besetzt; die Äste stehen in waagerechten „Etagen" von ihm ab. Wenn der Kapokbaum wächst, fallen die unteren Äste ab, und der Stamm wird grau und kräftig. Unten entwickelt der Baum eindrucksvoll gewundene Brettwurzeln, die teils so groß sind, dass ein Mensch sich darin verstecken kann. Ein Kapokbaum ist eine Insel der biologischen Vielfalt. Die riesigen Äste stützen Pflanzen mit Luftwurzeln und beherbergen zahllose Insekten und Vögel. In kleinen Wasserlachen, die sich hoch oben in der Krone sammeln, laichen Frösche.

Zu Beginn der Trockenzeit werfen die Bäume ihre Blätter ab. Ein Kapokbaum blüht nicht jedes Jahr – wenn er es aber tut, dann in Hülle und Fülle und bevor die Blätter sich zeigen, sodass die Bestäuber nichts ablenkt und der Samenausbreitung nichts im Wege stehen kann. Die kleinen Blütenbüschel an den nackten Zweigen wirken merkwürdig künstlich: Blassgelb, wächsern glänzend und nach gegorener Milch riechend, locken sie nachts Fledermäuse und Motten an. Während der Blütezeit hält jeder Baum mehr als 10 l Nektar pro Nacht bereit, sodass es sich für die Fledermäuse lohnt, bis zu 12 km weit von Baum zu Baum zu fliegen, wobei sie den Pollen ausbreiten. Aus den bestäubten Blüten entwickeln sich Hunderte von Früchten. Die hängenden, oval-länglichen Kapseln sind erst grün, dann braun und ledrig und enthalten jeweils bis zu 1.000 Samen. Aus den Samen lässt sich Öl gewinnen. Eine größere Rolle spielen jedoch die Kapokfasern: feine, seidige Haare, die die Samen umhüllen. Wenn die Kapseln sich öffnen, sehen die behaarten Samen von Weitem wie Wattebäusche oder Wollflusen aus. Das ist der Grund, warum der Kapokbaum auch Wollbaum genannt wird.

Die Samen werden vom Wind fortgetragen oder schwimmen dank ihrer wasserabweisenden Hülle und korkähnlichen Struktur davon; über Flüsse und übers Meer ist der Kapokbaum vermutlich irgendwann nach Afrika gelangt. Ursprünglich stammt er aus dem tropischen Südamerika – er ist der Nationalbaum Guatemalas und Puerto Ricos. Pollenfunde haben aber ergeben, dass er seit mindestens 13.000 Jahren auch in Westafrika vorkommt.

Kapokfasern sind hohl, haben dünne Zellwände und einen feinen Wachsüberzug. Diese ungewöhnliche Ausstattung macht sie extrem leicht und (im Gegensatz zu Baumwollfasern) wasserabweisend. Schwimmwesten und Rettungsringe wurden noch lange nach dem Zweiten Weltkrieg mit Kapok ausgestopft. Hochgradig wasserabstoßend und hochgradig lipophil, können die Fasern das 40-Fache

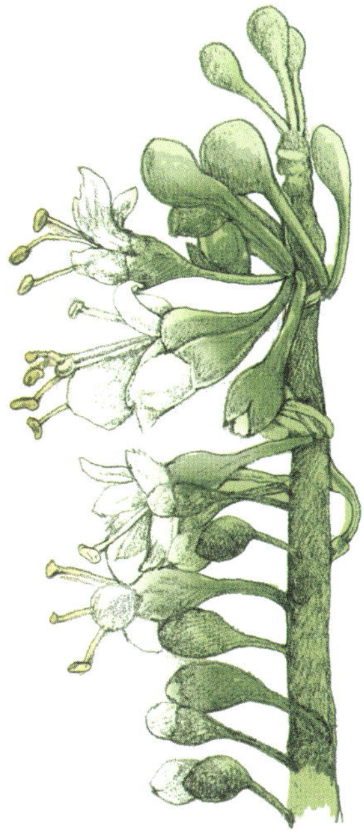

ihres Gewichtes an Öl binden – sehr praktisch, wenn Öl von Wasser getrennt werden soll, z.B., wenn Öl ausgelaufen ist. Zum Schutz der Samen sind Kapokfasern außerdem resistent gegen Schimmel und ungenießbar für Insekten und Nagetiere, was sie zum idealen Füllmaterial für Kissen, Matratzen, Teddybären und anderes Spielzeug macht.

Der berühmteste und symbolträchtigste Kapokbaum der Welt ist sicher der kolossale „Cotton Tree" in Freetown, der Hauptstadt von Sierra Leone. Ehemalige afrikanische Sklaven haben ihn in den 1790er Jahren gestiftet, nachdem sie im amerikanischen Unabhängigkeitskrieg für die Briten gekämpft und dadurch die Freiheit errungen hatten. Heute ist der Baum ein ikonisches Wahrzeichen von Freetown.

Dem Kapokbaum sagt man nach, dass er sich positiv auf das körperliche wie seelische Befinden auswirkt. In ganz Westafrika werden Kapokbäume als Sitz der Geister verehrt. Die Sierra Leoner bringen ihren Vorfahren unter diesen Bäumen immer noch Opfer dar und bitten sie um Frieden und Wohlstand. Aufgrund der Schatten spendenden Kronen werden Kapokbäume auch gern als Versammlungsorte genutzt, wo traditionelle Heiler in einer Art Gruppentherapie Probleme der Gemeinschaft lösen.

Auf Bestäubung durch Fledermäuse ist auch der stinkende Durianbaum *(S. 140)* *angewiesen.*

Bittere Kolanuss

Cola nitida

Kolabäume wachsen im feucht-tropischen Klima Westafrikas. *Cola nitida* mit glänzenden und *Cola acuminata* mit spitz zulaufenden Blättern sind zwei ähnliche Vertreter der Gattung: mittelgroße (meist unter 15 m hohe), immergrüne Bäume mit geradem, kräftigem Stamm. Ihre auffälligen, cremeweißen Blüten haben die Form fünfzackiger Sterne mit einem rötlich-braunen Strahlenkranz in der Mitte. Die wenig verlockend aussehenden Früchte sind knubbelige, grüne, 15 cm lange Hülsen, die sich später braun verfärben und aufplatzen, um eine Handvoll glatter, kastaniengroßer, roter oder weißer Samen freizugeben. Diese Samen, die eigentlichen Kolanüsse, haben es aber in sich: Sie enthalten als natürliches Insektizid Koffein – doppelt so viel wie Kaffee – und diverse andere Stimulanzien, außerdem eine Spur Strychnin. In Afrika ist die Kolanuss ein gängiges Genussmittel. Lange gekaut schmeckt sie anfangs bitter, dann süß und lässt die Welt offenbar in rosarotem Licht erscheinen.

Manches in der Geschichte der Kolanuss ist allerdings verstörend. Da sie als appetit- und durststillend galt, nahm man Kolapflanzen mit auf die Sklavenschiffe nach Amerika und gab pulverisierte Kolanüsse in die Wasserfässer, um das abgestandene Wasser darin schmackhafter zu machen. Im 17. Jahrhundert wurde Kola dann in der Karibik und in Amerika angebaut, und die Nüsse würden von den Sklaven dort gelegentlich auch verzehrt – aus Heimweh und um Hunger und Erschöpfung zu unterdrücken.

Seit Jahrtausenden Nutzpflanzen in Afrika, spielten die Kolabäume auch im innerafrikanischen Sklavenhandel eine Rolle. Noch Ende des 19. Jahrhunderts wurden Kolanüsse gegen Sklaven getauscht, die von der Mittelmeerküste und dem südlichen Sudan zu Märkten im heutigen Ghana und Mali getrieben wurden. Etwa zur selben Zeit entdeckte man in den USA die medizinische Wirkung der Kolasamen. In den 1880er Jahren wurden sie dann für die Originalrezeptur von Coca-Cola verwendet, die auch noch einen zweiten natürlichen Muntermacher enthielt: Kokain.

Auf nahezu jedem westafrikanischen Markt werden Kolanüsse verkauft. In Afrika sind sie ein allgegenwärtiges Schmiermittel, eine Alltagsdroge, die gern zur Begrüßung, zum Abschied oder auch bei Initiationsriten konsumiert wird. Es gibt sogar den Brauch, die Nabelschnur eines Neugeborenen gemeinsam mit einer Kolanuss zu vergraben; der Baum gehört dann dem betreffenden Kind. Kola-Extrakte sind heute wieder in einigen „natürlichen" Colagetränken enthalten. Ob „Kaffee" aus gerösteten und gemahlenen Kolanüssen aber je ein gutes Geschäft für Cafébesitzer und Bauern werden kann (für das immerhin keine Wälder gerodet werden müssten), erscheint hingegen eher fraglich.

Affenbrotbaum

Adansonia digitata

In vielen Kulturen enthalten Wörter, die scharfe oder spitze Dinge bezeichnen, Reibelaute wie „f“ oder „s“ und Wörter, die runde Dinge bezeichnen, weichere Laute wie „b“, „m“ oder „w“. Da überrascht es nicht, dass der Affenbrotbaum auch Baobab, *bwabwa*, *mwamba*, *mubuyu* oder *mowana* genannt wird, denn er ist einer der rundlichsten Bäume unseres Planeten.

Schätzungen nach können die bizarren Baobabs bis zu 2.000 Jahre alt werden. Sie wachsen teils nebeneinander, meist aber einzeln. Bei der am weitesten verbreiteten Art, *Andansonia digitata*, sind die Blätter handförmig gefiedert. Der Affenbrotbaum ist typisch für weite Teile der afrikanischen Savanne und spielt in vielen afrikanischen Legenden eine Rolle. Ein wiederkehrendes Motiv ist, dass der Baobab so lange etwas Besseres werden will, bis der Schöpfer ihn schließlich verärgert aus der Erde reißt und kopfüber wieder einsetzt.

Alte Affenbrotbäume können bis zu 25 m hoch werden und einen ähnlichen Umfang haben. Um einen solchen Baumriesen zu umfassen, braucht man etwa 12 Menschen. Die verblüffend glatten Stämme uralter Baobabs sind, vermutlich wegen Pilzbefall, häufig hohl. Vielerorts werden sie als Schutzhütten, Läden, Bars oder sogar als Gefängnis genutzt. In seinem schwammartigen Holz kann ein Affenbrotbaum Tausende Liter Wasser speichern. Elefanten machen sich dies in der Trockenzeit zunutze, indem sie Stücke abreißen und kauen. Bemerkenswert ist auch, dass der Stamm von Affenbrotbäumen aufgrund der Wasserspeicherung an- oder abschwellen kann, was es wahrscheinlich bei keinem anderen Baum gibt.

Die großen, hängenden weißen Blüten des Affenbrotbaums sind nach einem Tag verwelkt und verströmen einen für menschliche Nasen unangenehmen Geruch. Sie produzieren wenig Nektar, gleichen das aber mit über 1.000 Staubblättern aus – Nahrung für Fledermäuse und kleine Äffchen (Galagos), die Wolken von Pollen auf sich niederregnen lassen und sie beim Fressen verteilen. Aus den Blüten werden später große, ovale Früchte, die an bis zu 25 cm langen Stielen baumeln. Sie haben eine samtige, braune Schale und süßsäuerliches, mehliges Fruchtfleisch, aus dem sich u.a. ein Vitamin-C-reiches Erfrischungsgetränk herstellen lässt. Die Samen werden von Elefanten und Pavianen weitergetragen (wenn ihnen nicht Menschen zuvorgekommen sind, die die Früchte als Kaffee-Ersatz verwenden). Den Menschen liefert der Baum über seine nachwachsende Rinde zudem Fasern, aus denen Matten, Hüte und viele andere Gebrauchsgegenstände gefertigt werden.

In Afrika gilt der Affenbrotbaum traditionell als Sitz guter Geister von Verstorbenen, gelegentlich werden ihm aber auch böse Kräfte zugeschrieben. Wie dem auch sei: Die magischen Bedeutungen haben bewirkt, dass dieser außergewöhnliche Baum mehr verehrt und geschützt wird, als es sonst wahrscheinlich der Fall wäre.

SIMBABWE

Mopane

Colophospermum mopane

Mopanebäume wachsen im südlichen Afrika. Sie dienen vielen Pflanzenfressern als Futter, darunter Elefanten und Spitzmaulnashörnern, und liefern auch den Menschen eine ganz besondere Kost.

Der Mopane wird höchstens 15 bis 20 m hoch und hat relativ wenige Hauptäste, die anfangs glatt und grau, im Alter rau und zerfurcht sind. Sein zartes Aussehen täuscht, denn in magerer oder lehmiger Erde kann er andere Bäume verdrängen und zur dominanten Art werden.

Die markanten Blätter zeigen sich nach der Trockenperiode: Jedes besteht aus zwei wie Engelsflügel geformten Fiederblättern mit einem winzigen, verkümmerten dritten Blatt dazwischen. Hält man ein Mopaneblatt gegen das Licht, erkennt man eine Tüpfelung mit durchscheinenden Punkten: winzige Hohlräume, die ein terpentinähnliches Harz enthalten. Bei großer Hitze falten sich die Blattflügel zusammen und hängen herab. So absorbieren sie weniger Licht, und der Baum verliert nicht so viel Wasser. Mopanekronen sind lichtdurchlässig, sodass zu ihren Füßen regionaltypische Sträucher gut gedeihen, in denen viele Insekten und Vögel leben. Nager und größere Tiere fressen wiederum Laub und Früchte und breiten die Samen aus – der Mopanewald ist ein komplexes Ökosystem.

Mopaneblüten werden vom Wind bestäubt. Oft wachsen die Bäume in dichten Beständen, was die Chance erhöht, dass der Pollen sein Ziel erreicht. Da die Blüten nicht darauf angewiesen sind, Insekten oder andere Tiere anzulocken, sind sie unscheinbar, klein und hellgrün. Die nierenförmigen Hülsenfrüchte, die bei kurzen Regengüssen ausgebreitet werden, enthalten je einen flachen Samen, dessen kompliziert gemusterte, klebrige Oberfläche Feuchtigkeit besonders gut hält.

Mopaneholz ist hart, widerstandsfähig gegen Termitenfraß und daher ein geeignetes Baumaterial für Dorfhütten. Da es so dicht ist, dass es in Wasser sinkt, und ausgezeichnete Klangeigenschaften hat, wird es im Instrumentenbau z.B. für Klarinetten verwendet. Die eigentliche Besonderheit des Mopane besteht allerdings darin, dass er Millionen von Menschen mit Nahrung versorgt. Genau genommen nicht der Baum selbst, sondern eine andere Art, die in ihm lebt: der Nachtfalter *Gonimbrasia belina*. Am Ende des Winters steigen Schwärme dieser Schmetterlinge, die rostbraune Flügel von der Spannbreite einer Kinderhand haben, vom Boden zu den Mopanebäumen auf. Die Falter paaren sich und legen ihre Eier auf den Mopaneblättern ab. Im Sommer schlüpfen dann die „Mopanewürmer", die eigentlich Raupen sind. Die Larven lassen sich vom Harz des Mopane nicht abschrecken, fressen sich satt und wiegen nach sechs Wochen 4.000-mal so viel wie zuvor. Ihre Fressperiode ist jedoch viel kürzer als die anderer Arten, sodass der Baum sich wieder von ihnen erholen kann. Aus kahl gefressenen jungen Bäumen werden innerhalb von sechs Monaten wieder buschige Bäume. Durch den Austrieb zahlreicher neuer, wenn auch kleinerer Blätter bleibt die Gesamtfläche des Laubes dabei erhalten. Noch ist unklar, warum der Baum nicht genauso reagiert, wenn größere Tiere an ihm fressen.

Die Raupen sind etwas größer als ein menschlicher Mittelfinger. Mit ihrer Tarnfärbung in Schwarz-Weiß mit grüngelben Streifen können die behaarten Raupen Vögel gut täuschen, erregen aber leicht die Aufmerksamkeit des menschlichen Auges. So werden jedes Jahr Tausende Tonnen von Raupen als Lebensmittel gesammelt. Sie werden am hinteren Ende zusammengequetscht und zwischen Daumen und Zeigefinger ausgedrückt, was einen schleimigen, von teils verdauten Blättern her grünen Glibber freigibt. Dieser wird in Salzwasser gekocht, in der Sonne getrocknet und auf Märkten und an Straßenständen verkauft. Man kann ihn pur verzehren – er schmeckt ähnlich wie gesalzene Kartoffelchips – oder für Gemüseeintöpfe verwenden.

Getrocknete Mopaneraupen gelten in ländlichen Gebieten traditionell als Leckerei. Da die „Würmer" zu 60% aus Eiweiß bestehen und Fette sowie wichtige Mineralien enthalten, sind sie ausgesprochen nahrhaft. In schlechten Zeiten werden sie in Mengen verzehrt, zumal sie ungekühlt monatelang haltbar sind. Mittlerweile schätzt man die Raupen aber auch anderswo. Supermärkte und der internationale Handel melden zunehmend Bedarf an, vor allem in Südafrika. Das hat den Bestand des Falters dezimiert. Daher hat man auch große Bäume gefällt, um an die begehrten, in der Höhe schwer erreichbaren Raupen heranzukommen. Eine Beschränkung der Ernte tat not; diverse Maßnahmen dazu werden momentan erprobt.

Buchsbaum (S. 33) ist ein ähnlich hartes und schweres Holz wie Mopane.

MADAGASKAR

Baum der Reisenden

Ravenala madagascariensis

Madagaskar ist größer als Frankreich – und ein Traumziel für Naturliebhaber. Die Insel ist schon 150 Millionen Jahre vom restlichen Afrika und 90 Millionen Jahre von Indien getrennt und hat erst seit 2.000 Jahren menschliche Bewohner, sodass sich viele Arten dort ungestört entwickeln konnten. Nahezu alle Pflanzen auf Madagaskar sind endemisch (nur dort heimisch) und haben einzigartige Beziehungen zur Tierwelt aufgebaut.

Ein Baum ist für Madagaskar besonders typisch: der Baum der Reisenden, von den Einheimischen *fontsy* genannt. Er ist ein erstaunliches, lustiges, auf jeden Fall aber spektakuläres Gewächs in Form eines riesigen, verblüffend symmetrischen Fächers, dessen bis zu 3 m lange und 0,5 m breite Blätter mit langen Stielen einem kahnartigen Blattgrund entspringen. Bei jungen Bäumen sitzt der gleichmäßige „Zopf" sich überlappender Stängelblätter direkt am Boden. Mit den Jahren wächst dann ein gerader, grauer Stamm aus dicht stehenden Blattstielen empor, der bis zu 15 m hoch werden kann. In dieser Größe hat der Baum etwas Surreales.

Der Baum der Reisenden ist die einzige Art seiner Gattung. Obwohl er aussieht wie eine Palme, ist er ein Strelitziengewächs wie die bei uns als Zierpflanze beliebte Paradiesvogelblume. Deren auffällige orange Blütenfarbe lockt Vögel zum Bestäuben und Samenausbreiten an. Der Baum der Reisenden hat aber bloß unauffällige blassgelbe Blüten, deren harte, beige-grüne Blütenstände wie Pelikanschnäbel aus dem Blattschopf herausragen. Welches Lebewesen sollte geschickt genug und willens sein, so etwas zu bestäuben? Hier kommt der Schwarzweiße Vari ins Spiel. Dieser Lemur, ein nur in Madagaskar heimisches Säugetier mit stets erschrockenem Gesichtsausdruck, scheint einem Comic entsprungen zu sein und wirkt auf uns Menschen ungemein niedlich. Im Tausch gegen reichlich süßen Nektar, der einen Großteil seiner Nahrung ausmacht, transportiert er in seinem Fell Pollen von Baum zu Baum. Heute gehört der Vari zu den gefährdeten Arten – und mit ihm der wild wachsende Baum der Reisenden.

Die Früchte des Baumes sind 8 cm lange, holzige Kapseln. Wenn sie trocknen, platzen sie auf und geben einen verborgenen Schatz preis: die vermutlich einzigen blauen Samen der Welt. Ihre faszinierende Farbe verdanken die Samen ihrer Umhüllung (Arillus), die wie Lapislazuli schimmert. So werden sie mühelos von den Lemuren entdeckt. Als Halbaffen können Lemuren nämlich Blau und Grün voneinander unterscheiden – etwas Rotes würde sie kaltlassen. Sie fressen die Samen und scheiden einige in intaktem Zustand wieder aus, aus denen dann die nächste Baumgeneration entstehen kann.

Der Name des Baumes könnte daher kommen, dass diese Pflanze bei der Orientierung hilft. Angeblich wächst ihr Laub nämlich immer in derselben Richtung. Ob das stimmt, konnte noch nicht zweifelsfrei bewiesen werden; möglicherweise richtet sich der Baum nach dem Sonnenlicht (ein lohnendes Thema für eine Doktorarbeit, würde ich nach der Befragung madagassischer Botaniker und einer zeitaufwendigen Analyse von Luftbildaufnahmen sagen). Die zweite Verbindung des Baumes zu Reisenden ist, dass das Regenwasser die verschränkten, U-förmigen Blätter hinabrinnt und sich im Blattgrund sammelt, der bis zu 1 l Flüssigkeit enthalten kann. In dem modrigen Wasser tummeln sich zweifellos eine Menge Mikroben; theoretisch könnte man aber ein Röhrchen am Stamm ansetzen und trinken – am besten ein Gerät mit Filter, keinen normalen Strohhalm. In der Not ist der Baum so bestimmt schon einmal zum Lebensretter geworden.

Flötenakazie

Vachellia drepanolobium (auch *Acacia drepanolobium*)

Die Flötenakazie ist in der Savanne Ostafrikas verbreitet. Von Weitem wirkt der eher niedrige, nur bis 6 m hohe Baum unscheinbar, doch an windigen Tagen ertönt aus ihm ein unangenehm schriller Pfeifton. Und sitzen die Blätter nicht zu dicht, um hungrige Tiere anzulocken? Hinzu kommt noch, dass am Ansatz jedes Laubbüschels gerade weiße Dornen sitzen, von denen jeder so lang ist wie ein Männerfinger. Manche Pflanzenfresser schreckt das vielleicht ab, nicht aber Giraffen mit ihren langen Greifzungen. Elefanten haben mit Stacheln ebenfalls kein Problem, und Insekten sowieso nicht.

Bei näherem Hinschauen zeigt sich, dass viele dieser Dornen verdickte, hohle Ansätze haben: merkwürdige Mini-Sputniks, walnussgroß, anfangs weich und violett, später härter und schwarz. Das Pfeifen entsteht, wenn der Wind durch die kleinen Löcher in diesen unebenen Kugeln streicht. Aber wozu dienen die kleinen Kugeln und die Löcher? Das Rätsel löst, wer ein paarmal auf den Baum klopft. Dann krabbeln Hunderte von Ameisen aus jedem angeschwollenen Dorn, beißen den Störenfried und halten ihn so vom Baum fern. Ein Maul voll stechender Ameisen ist auch für große Pflanzenfresser kein Vergnügen. Einheimische haben beobachtet, dass eine Ziege, die von einer Flötenakazie fressen will und den Ameisen begegnet, sich dem betreffenden Baum nie wieder nähert. Der unangenehme Duft (Alarmpheromone), den die Insekten versprühen, ist für den Baum ebenfalls ein Schutz.

Die verdickten Dornen der Flötenakazien werden Domatien genannt: ein Begriff, der vom lat. *domus* („Haus") kommt. Die Bäume bieten den kampfbereiten Ameisen nämlich eine Art Fertighaus und Nektar aus Drüsen in den Blättern. Da Nektar aber keine Proteine und Fette enthält, müssen die Ameisen ihren Speiseplan um andere Insekten erweitern. Deren Überreste katapultieren sie aus den verdickten Dornen heraus, und der Baum bekommt so wahrscheinlich guten Dünger.

Die mit Nahrung und Wohnsitz versorgten Ameisen fahren gut mit diesem Arrangement. Deshalb erheben verschiedene Ameisenarten Anspruch auf die Bäume. Wenn benachbarte Flötenakazien mit konkurrierenden Ameisenkolonien darin ineinanderwachsen, gibt es Ameisenschlachten, und die Verlierer werden vertrieben. Kein Wunder also, dass die Ameisen schonungslos die äußeren Seitenknospen der Bäume stutzen und Ranken wegfressen, damit ihr Baum nicht in Berührung mit Nachbarbäumen kommt und es eine feindliche Invasion gibt.

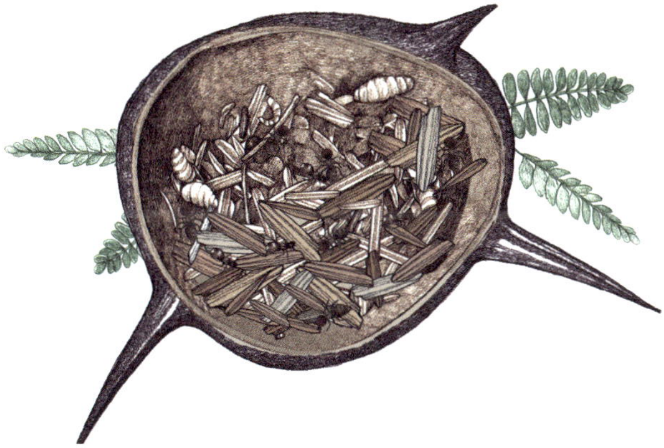

Giftige oder gefährliche Tierarten signalisieren ihren potenziellen Fressfeinden häufig, dass sie ihnen besser fernbleiben sollen. Das nennt man Aposematismus. Kürzlich haben Wissenschaftler nun die These aufgestellt, dass es sich bei den „flötenden" Dornen der Flötenakazie um einen akustischen Aposematismus handeln könnte: Wie die Klapperschlange Warnlaute von sich gibt, so könnte der Pfeifton Gefahr signalisieren und etwa einen Elefanten davon abhalten, den Baum nachts niederzutrampeln.

Paradoxerweise tut es der Flötenakazie übrigens gut, wenn sie hin und wieder angegriffen wird. Die Erzeugung von Nektar kostet sie eine Menge Energie. Wenn es in der Umgebung nur wenige Pflanzenfresser gibt, reduziert sie die Nektarproduktion und die Anzahl der verdickten Dornen, in denen die Ameisen leben. Diese weichen dann auf Ersatznahrung aus, indem sie blattlausähnliche Insekten heranziehen, die den Saft des Baums fressen und süßen Honigtau ausscheiden. Der wiederum lockt eine andere Ameisenart an, die die verminderte Verteidigungsbereitschaft des Baums nutzt und anfängt, ihn zu besiedeln. Die anderen Ameisen gehen weit weniger aggressiv gegen Pflanzenfresser vor und profitieren außerdem von Gängen, die Borkenkäfer in den Baum bohren. Fehlen große Pflanzenfresser, muss der Baum also einer Armee von stechenden Ameisen das Leben nicht mehr so schön machen – was zur Folge hat, dass andere Insekten ihm zusetzen. Und wenn er leidet, nimmt die Zahl seiner Früchte ab, die ja für die nächste Generation sorgen. Gibt es in der Umgebung dagegen zahlreiche große Pflanzenfresser, braucht der Baum zur Verteidigung eine Menge Ameisen, muss sehr viel Nektar erzeugen und hat deswegen auch nur wenig Energie für die Frucht- und Samenproduktion übrig ... In der Natur dreht sich eben alles ums Gleichgewicht.

Eine effiziente Strategie der Selbstverteidigung hat auch der Nimbaum (S. 120).

Weihrauchbaum

Boswellia sacra

Die Trockengebiete in Oman, im Jemen und im unwirtlichen Hochland Nordsomalias sind die Heimat mehrerer eng miteinander verwandter *Boswellia*-Arten, die vielfach nur wenige Meter hoch werden und aussehen wie umgedrehte Pyramiden. Sie haben eine glatte, sich papierartig abschälende Borke; die Blätter sitzen am Ende von verknäulten Ästen. Mittels einer kissenförmigen Verdickung unten am Stamm kann sich der Weihrauchbaum an steilen Felshängen ansiedeln, was ihn für viele Tiere unerreichbar macht. Die in Rispen angeordneten Blüten sind wunderschön: Fünf cremeweiße Kronblätter und zehn helle Staubblätter umringen die gelbe Blütenmitte. Innerhalb weniger Stunden kann diese sich dunkelrot verfärben, was den Bestäubern signalisiert, dass sie ihre Aufgabe erfüllt haben und zur nächsten Blüte weiterfliegen sollten. Wird der Baum beschädigt, tritt milchiger Wundsaft aus: das Gummiharz Weihrauch, das Termiten und andere Insekten abschreckt. Diese Substanz entfaltet einen frischen, aromatischen Duft, wenn sie kurz auf glühender Kohle erhitzt wird. Sie hat den Weihrauchbaum berühmt gemacht. Die ländliche Bevölkerung fördert das „Weinen" der Bäume durch Schnitte in Stamm und Äste. Geringe Mengen des Harzes verwenden die Einheimischen selbst als Mundwasser, doch der Löwenanteil wird exportiert. Für die armen Herkunftsländer ist Weihrauch eine wertvolle Handelsware.

Weihrauch und Myrrhe (ein anderes Baumharz) waren bereits um 2500 v. Chr. begehrte Güter, weil die Ägypter ihre Toten damit einbalsamierten. Im alten Ägypten galten die antiseptischen Weihrauchperlen als „Schweiß der Götter". Um die Kosten für den Import zu sparen, ließ die Pharaonin Hatschepsut um 1500 v. Chr. die Möglichkeit erforschen, Weihrauch im ägyptischen Theben anzubauen, und startete die wohl erste botanische Expedition der Geschichte. Hatschepsuts Totentempel zeigt, dass die Herrscherin fünf je mit 30 Ruderern besetzte Galeeren nach „Punt" (vermutlich das Horn von Afrika) schickte. Ihr Auftrag: Weihrauchbäume mitbringen! Diese wurden bei Karnak am Oberen Nil eingesetzt, gediehen jedoch nicht, sodass Punt und das südliche Arabien die einzigen Quellen für das Harz blieben.

Für Weihrauch interessierten sich nicht nur die Ägypter, sodass sich ab etwa 1000 v. Chr. von Arabien und dem Horn von Afrika aus eine Handelsroute Richtung Mittelmeerraum und Mesopotamien herausbildete, die Weihrauchstraße. Schwer bewachte Kamelkarawanen zogen auf ihr entlang, vorbei an strategisch platzierten Festungen und Raststationen. Der griechische Geograf Strabon verglich die Karawanen mit durchreisenden Armeen, und Plinius d. Ä. nannte die Völker Südarabiens um 50 n. Chr. voller Neid „die reichsten Rassen der Welt". Die Region wurde als *Arabia Felix* (glückliches Arabien) bekannt. Als Weihrauch dem Jesuskind als Geschenk mitgebracht wurde, war es kostbarer als Gold; manche Experten glauben, dass er damals die wertvollste Substanz der Welt war.

Dennoch verlor die Weihrauchstraße nach und nach an Bedeutung. Ihr Niedergang begann damit, dass römische Seefahrer direkt zu den Produzenten segelten. Hinzu kam, dass Regenmangel in der Zeit um Christi Geburt dazu führte, dass hungrige Tiere den bereits geschädigten Weihrauchbäumen weiter zusetzten (was bis heute der Fall ist). Schließlich verbot Ende des 4. Jahrhunderts der christliche Kaiser Theodosius I. die heidnische Praxis, den römischen Hausgöttern Weihrauch darzubringen.

Das Wort „Weihrauch" geht auf das althochdeutsche Wort *wihrouch* („heiliger Rauch") zurück. Schon die Babylonier, Ägypter, Juden und Griechen haben in ihren Tempeln Weihrauch verbrannt, wobei dessen religiöse Nutzung wohl weit über das hinausging, was wir heute vermuten. So erwähnt das Hohelied Salomos Weihrauch z.B. als Aphrodisiakum und im Zusammenhang mit sexueller Erfüllung. Heutzutage muss man schon in die Golfstaaten fahren (wo es eine große Nachfrage nach Weihrauch-Kaugummi gibt) oder eine katholische bzw. griechisch-orthodoxe Kirche besuchen, um den leicht berauschenden Duft konzentrierten Weihrauchs genießen zu können, der seit mindestens fünf Jahrtausenden aus den Weihrauchbäumen gewonnen wird.

Auch die Blüten der Rosskastanie (S. 38) senden durch Farbwechsel Signale an die Bestäuber aus.

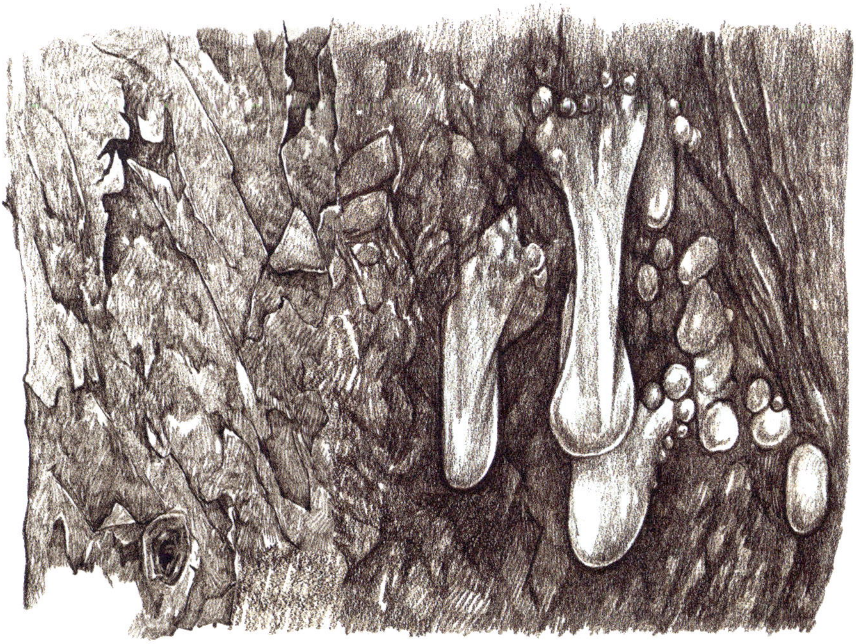

Sokotra-Drachenbaum

Dracaena cinnabari

Diese Drachenbaumart wächst ausschließlich auf der jemenitischen Sokotra-Insel nahe dem Horn von Afrika. Der Baum hat etwas von einem urzeitlichen Ungeheuer. Seine bizarre Form, die an einen umgestülpten Regenschirm erinnert, hilft ihm, in den trockenen, kalksteinhaltigen Böden der gebirgigen Insel zu überleben. Regen ist dort selten, aber gelegentlich kondensiert Nebel auf den schmalen, wachsartig überzogenen, himmelwärts gerichteten Blättern des Baums zu Tropfen, die an den Ästen herabrinnen. So werden kleine Wasserrinnsale den Stamm hinunter und schließlich zu den Wurzeln geleitet.

Den unwirklichen Eindruck des Drachenbaums verstärken noch seine „Tränen" aus durchscheinendem, rotbraunem Harz, die aus verwundeten Ästen quellen. Die Einheimischen fördern den Fluss, indem sie die Rinde vorsichtig anritzen oder bestehende Risse vergrößern, um ein Jahr später eintrocknende Harzbrocken zu ernten. Bis zu 500 g kann ein einziger Baum liefern. Getrocknet, erhitzt und anschließend zu Stücken geformt, sieht das Harz mit seiner krustigen Konsistenz wie getrocknetes Blut aus. In Europa wurde das „Drachenblut", wie es im Deutschen und in vielen anderen Sprachen heißt, im 17. Jahrhundert populär, und zwar als Allheilmittel, dem man übernatürliche Kräfte zuschrieb. Es war Medizin für Schwerkranke, aber auch eine kostspielige Zutat für Liebestränke und Mundwässer. Heute wissen wir, dass das Harz schmerzstillend und antiseptisch wirkt. Vor allem auf der arabischen Halbinsel wird es oft noch als Atemerfrischer oder zur Wundbehandlung eingesetzt.

Aber warum heißt das Harz *Drachen*blut? In der Antike war Sokotra eine wichtige Station auf der Handelsroute Indien – Naher Osten – Mittelmeerraum. Der Name geht wahrscheinlich auf indische Kaufleute zurück, die das Harz vermarkteten und ihre Kunden mit Hindu-Mythen vertraut machten. Eine Sage handelt von einem Kampf zwischen einem Elefanten und einer drachenähnlichen Kreatur auf Sokotra, bei dem der Drache das Blut seines Gegners schluckt und dann im Getümmel zerquetscht wird, wodurch letztlich das Blut beider Tiere vergossen wird. Diese Geschichte wurde im 1. Jahrhundert n. Chr. erst über ein griechisches Schifffahrtshandbuch und dann über Plinius d. Ä. verbreitet. Demgemäß kommt der wissenschaftliche Name der Drachenbäume (*Dracaena*) von dem griechischen Wort für Drachenweibchen. Der arabische Name, der auf Sokotra gebräuchlich ist, bedeutet dagegen „Blut zweier Brüder" und erinnert so an den einstigen Einfluss der indischen Kultur.

Der Geigenbauer Stradivari hat Drachenblut für Geigenlack verwendet. Das Holz seiner Instrumente stammte von alpinen Fichten *(S. 55)*.

SEYCHELLEN

Seychellennuss

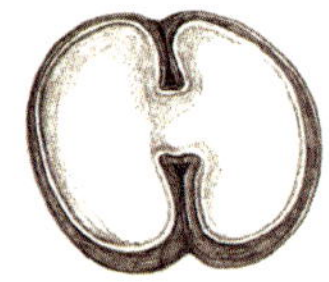

Lodoicea maldivica

Ab dem 17. Jahrhundert berichteten europäische Seefahrer, dass im Indischen Ozean hölzerne Gegenstände schwammen, die so groß und so geformt waren wie ein weibliches Becken, samt Oberschenkelansätzen und wohlgeformten Pobacken. Man vermutete, dass es sich um eine Art Doppel-Kokosnuss handelte, die im Meer wuchs (daher der kreolische Name, *Coco de Mer*), und glaubte, dass die Nuss den Geschlechtstrieb steigern und Gift neutralisieren konnte. Die Machthaber beanspruchten die Frucht für sich. In Ostindien war es Normalsterblichen verboten, sie zu besitzen. In den 1750er Jahren kostete eine einzige Frucht 400 britische Pfund (aktueller Preis: fast 70.000 Pfund). 1770 fand man dann heraus, dass die Nüsse von Palmen auf den Seychellen stammten und in der dortigen Kultur eine große Rolle spielten. Übereifrige Seefahrer plünderten die Wälder und überschwemmten den Markt mit den Samen, sodass wohlhabende Sammler sie jetzt auch erwerben konnten.

Der Bestand der Seychellennuss beschränkt sich heute auf wenige Tausend Bäume auf zwei Inseln: Praslin und Curieuse. Die Bäume werden rund 800 Jahre alt, eindrucksvolle 30 m hoch und sind getrenntgeschlechtig. Männliche und weibliche Exemplare stehen oft paarweise nebeneinander. Die männlichen Blütenstände enden in phallischen Kätzchen – gigantischen Kätzchen, so lang wie ein Männerarm – mit Tausenden von kleinen gelben Blüten daran. Die weiblichen Blüten sind die größten bekannten Blüten bei Palmengewächsen, genau wie die zunächst grünschaligen Nüsse die größten bekannten Früchte sind. Ja, *Madame* und *Monsieur de Mer* sind ein attraktives Paar! Dem Volksmund nach sollte man ihren Wäldern nachts fernbleiben, weil es Unglück bringt, wenn man ihr Liebesspiel stört. Vielleicht steckt hinter diesem Aberglauben einfach eine lokale Vorsichtsmaßnahme. Jede Frucht birgt nämlich einen einzigen riesigen Samen, der 30 kg oder mehr wiegt – den schwersten Pflanzensamen der Welt.

Doch warum haben sich die Samen so entwickelt? Vor 70 Millionen Jahren waren die Samen der *Coco de Mer*-Vorfahren bereits groß, konnten aber von kräftigen Tieren, möglicherweise Dinosauriern, noch ausgebreitet werden. Dann drifteten die Landmassen der heutigen Seychellen und Indien auseinander, und die Palmen wurden von geeigneten Tieren nicht mehr erreicht. Die Früchte mussten die Fähigkeit ausbilden, direkt dort zu keimen, wo sie herabfielen: im Schatten ihrer Eltern. Ein erster Vorteil gegenüber anderen Arten war, dass die Seychellennüsse so nahrhaft waren. In den Wäldern, die nun vorwiegend von der eigenen Art besiedelt waren, gab es jetzt Geschwisterrivalitäten. Beim Kampf ums Licht siegten die Bäume mit den dicksten Nüssen – und so wurden die Samen immer größer. Dieses biologische Phänomen nennt man Inselgigantismus. In der Tierwelt kommt es auch vor; genau so sind die Galápagos-Riesenschildkröte und der Komodowaran in Indonesien entstanden.

Die fächerförmigen Blätter der Seychellennuss sind so groß, dass nur wenige davon zum Decken eines Dachs ausreichen. Sie leiten Wasser und Nährstoffe (z.B. Pollen in der Luft oder Guano des seltenen Rabenpapageis, der in den Bäumen sitzt) den Stamm hinunter und weiter zu den Wurzeln. Das hilft bei der Produktion der riesenhaften Früchte und mindert zugleich die Chancen konkurrierender Pflanzen auf Licht, Nährstoffe und Wasser. Dabei muss die Seychellennuss auch dafür sorgen, dass ihre eigenen Sämlinge nicht mit dem Mutterbaum konkurrieren. Eine Frucht vom Gewicht eines vollen Koffers kann jedoch schwerlich vom Wind davongetragen werden; es gibt keine Tiere, die die Früchte transportieren könnten, und anders als Kokosnüsse verderben die Früchte im Meer. Daher haben die Seychellenpalmen sich auf eine andere Strategie verlegt. Frühestens sechs Monate nachdem die Nuss abgefallen und die Schale verrottet ist, zeigt sich im „Schritt" des Samens ein hellgelber, seilartiger Trieb. In seiner Spitze sitzt der Embryo des Sämlings. Der Trieb gräbt sich etwa 15 cm tief ein und wächst unter der Erde horizontal bis zu 3,5 m vom Mutterbaum weg – außer Reichweite der elterlichen Konkurrenz. Dann hört der Trieb auf zu wachsen, treibt nach oben aus und schlägt gleichzeitig Wurzeln, wobei der ursprüngliche Samen ihn noch jahrelang weiter mit Nährstoffen versorgt. Doch damit nicht genug: Etwa 0,5 m unter der Oberfläche entwickelt der Baum eine siebähnliche Struktur von 1 m Durchmesser, durch die die Wurzeln hindurchwachsen. Wahrscheinlich ist das „Sieb" eine Art Anker – sehr nützlich für Bäume, deren Äste Hunderte Kilo schwere Samen zu tragen haben.

IRAN

Granatapfel

Punica granatum

Granatäpfel werden in antiken Schriften aus Ägypten und Griechenland, im Alten Testament, im Babylonischen Talmud und im Koran erwähnt. Wegen der Fülle von Samen und Saft sind die Früchte ein Symbol für Fruchtbarkeit. Die Vorläufer des gezüchteten Granatapfels wuchsen schon vor Jahrtausenden in trockenen, hügeligen Gegenden zwischen dem heutigen Iran und Nordindien, und die heutigen Kultursorten mögen noch immer ein Klima mit heißen Tagen und kühlen Nächten. Es sind kleine, verzweigte Bäume, die 5 bis 12 m hoch werden und glänzende, dunkelgrüne Blätter tragen. Granatäpfel sind langlebig und werden mitunter 200 Jahre alt. Die Blüten sind ein unvergesslicher Anblick. Ausgeprägte Kelche mit doppelten Blütenhüllen bilden stabile Trichter, aus denen knittrige Kronblätter in leuchtendem Scharlach- oder Karmesinrot hervorbrechen.

Die Farbpalette der Früchte reicht von Gelb mit einem Hauch Violett über ein bräunliches Rosa bis zu einem tiefen Weinrot. Jeder Granatapfel hat eine harte, ledrige Haut, die dafür sorgt, dass er lange haltbar bleibt. Daher eigneten sich die Früchte schon immer gut als Erfrischung für lange Reisen. Im Fruchtinneren befinden sich, gehalten von einer schwammigen Membran, Hunderte von Samen. Jeder ist von einem saftigen Samenmantel (Sarkotesta) umgeben, der rosa oder purpurn glänzt. Die derart angeschwollenen Kerne sind miteinander verzahnt – sehr effizient verpackt –, und der Saft jedes Kerns ist köstlich süß, herb und leicht adstringierend. Das ist eine großzügige Entschädigung für die trockene, holzige Beschaffenheit der eigentlichen Samen und das Dilemma, vor dem zumindest manche von uns stehen: ausspucken oder hinunterschlucken?

Während die frische Frucht, Granatapfelsaft und -likör vom Mittelmeerraum bis nach Südasien überall erhältlich sind, haben die Iraner sich die Granatapfelkultur wirklich zu eigen gemacht: Fachhändler führen den Saft verschiedener Kultursorten. Granatapfelkerne werden frisch, getrocknet oder gefroren auf Saft oder Eis gestreut, manchmal zusammen mit einer Prise Thymian. Im Herbst wird der frische Saft eingekocht, bis er zu dunkelbraunem Sirup wird, einer wichtigen Zutat für *khoresht fesenjan* (Hühnchen mit Walnuss-Granatapfel-Sauce). Ein jährliches Granatapfel-Festival gibt es in Teheran natürlich auch.

Granatäpfel sind dafür bekannt, sehr gesund zu sein. Traditionell setzt man sie zur Heilung von Durchfall, Ruhr und Darmparasiten ein. Die Frucht enthält Antioxidantien, die sicher ebenfalls eine positive Wirkung haben; allerdings mangelt es bisher an Beweisen, dass sich Granatäpfel, wie ein paar übereifrige Stimmen behaupten, auch zur Krebsbekämpfung oder fürs Anti-Aging eignen. Wie dem auch sei – der Granatapfel gibt uns zweifellos das *Gefühl*, dass es uns gut geht.

KASACHSTAN

Asiatischer Wildapfel

Malus sieversii

DNA-Analysen haben ergeben, dass der Asiatische Wildapfel der Vorfahre aller Äpfel ist, die wir heute essen. Seine Heimat sind die bewaldeten Hänge des Tian-Shan-Gebirges, besonders in den „himmlischen Bergen" im östlichen Kasachstan. Dieser Apfelbaum hat viel mit den uns bekannten Abkömmlingen gemein. Das Blattwerk sieht vertraut aus, und die reichlich vorhandenen, wohlriechenden weißen oder rosa Blüten sind wie beim Kulturapfel Zwitter (hermaphrodite Blüten): Jede Blüte hat sowohl männliche als auch weibliche Anteile. Die Blüten sind mit sich selbst inkompatibel – zur Bestäubung brauchen sie den Pollen anderer Apfelbäume. Aus der Blütenachse entsteht später eine Kernfrucht, an der sich Überreste der ehemaligen Blüte zeigen. Hier endet allerdings die Ähnlichkeit mit den kultivierten Apfelarten. Die Wildapfelbäume wachsen in den unterschiedlichsten Formen und Größen; einige werden (dummerweise) ziemlich hoch. Hier und da tragen die Bäume große, süße Äpfel mit ungewöhnlicher Honig-, Anis- oder Nussnote, die in jedes Supermarktregal passen würden. Doch neben den wohlschmeckenden Äpfeln gibt es kleine, sehr saure Früchte, mitunter direkt am Nebenast.

Vor 5.000 bis 10.000 Jahren wurden Äpfel in Zentralasien vermutlich erstmals bewusst angepflanzt. Nach und nach gelangten sie über den Handelsweg der Seidenstraße nach Westen. Reiter nahmen die schmackhaftesten Äpfel als Reiseproviant mit; die Kerne warfen sie unterwegs weg. Für die Samen war es nur gut, wenn sie von Hufen in den Boden gestampft und mit Pferdemist gedüngt wurden – sie trieben aus, und die daraus entstandenen Bäume spendeten sich gegenseitig Pollen. Als Obstbäume, wie wir sie brauchen, waren solche Exemplare aber noch zu hoch und die Süße der Äpfel zu unberechenbar. Ein Baum, der aus Apfelkernen gezüchtet wird, ähnelt nämlich häufig nicht seinem Elternbaum, und die Früchte haben nur selten den gleichen Geschmack.

Dann wurde, vielleicht schon um 1800 v. Chr. in Mesopotamien, sicher aber um 300 v. Chr. in Griechenland, das Pfropfen erfunden. Dabei werden dünne Zweige von einem Baum mit schmackhaften Früchten auf Wurzelstöcke von Jungpflanzen gesteckt. Diese Methode ermöglicht es, auf zuverlässige Weise jede Köstlichkeit zu reproduzieren, die sich in der Natur einmal zufällig entwickelt hat, und Bäume zu züchten, die zum Pflücken geeignet sind. Auf diese Weise werden alle heutigen Apfelbäume gezüchtet.

Durch die Apfelzucht sind über die Jahrhunderte hinweg Hunderte von herrlich verschiedenen Sorten entstanden. Leider konzentriert sich die Landwirtschaft heute aber auf ein paar Sorten und etwa zehn geklonte Wurzelstöcke. Da die Bäume durch Inzucht produziert und von nahen Verwandten bestäubt werden, nimmt die genetische Vielfalt langsam, aber sicher ab. Das Problem dabei ist, dass wir vielleicht bald neue Apfeleigenschaften benötigen – z.B. Widerstandsfähigkeit gegen Krankheiten (ohne dass teure, widerliche Pestizide eingesetzt werden müssen) neue Geschmacksrichtungen, längere Lagerfähigkeit, spätere Reifung, besonders einfache Ernte oder Dürreverträglichkeit – und dass es die Gene, die solche Eigenschaften ermöglichen, dann einfach nicht mehr geben könnte. Die wilden Verwandten unserer Essäpfel sind deshalb so wichtig, weil sie verloren gegangenes Genmaterial enthalten, das wir nutzen und einkreuzen sollten. Wildsamen wurden auch bereits gesammelt und in Saatgutbanken eingelagert. Doch der Asiatische Wildapfel ist durch die Zerstörung seines Lebensraumes und genetische Verwässerung gefährdet: das Ergebnis der Fremdbestäubung mit gekauften Sorten, die sich unkontrolliert ausgebreitet haben.

Äpfel haben eine große kulturelle, auch religiöse Bedeutung. Die Frucht, die Eva vom Baum der Erkenntnis pflückt, könnte eine x-beliebige sein (eine Traube, ein Granatapfel, eine Feige, vielleicht sogar eine Zitrone?), wird aber gewöhnlich als Apfel dargestellt. Die verbliebenen Wälder von Tian Shan, in denen Wildformen unserer Äpfel (sowie von Aprikosen, Nüssen, Pflaumen und Birnen) gedeihen, sind wirtschaftlich interessant, aber auch so etwas wie ein irdischer Garten Eden – ein Speicher wertvoller genetischer Informationen, der an sich schon unseren Schutz verdient.

Der Weiße Maulbeerbaum (S. 128) hat viel mit der Seidenstraße zu tun.

SIBIRIEN

Dahurische Lärche, Sibirische Lärche

Larix gmelinii, Larix sibirica

Die größte bewaldete Region der Erde ist der boreale Nadelwald. Er macht etwa ein Drittel der gesamten Waldfläche aus und stellt damit den tropischen Regenwald in den Schatten. Wie ein Gürtel, der sich an den nördlichen Polarkreis anschließt, umfasst der boreale Wald die nördlichen Regionen Eurasiens und Nordamerikas. Allein in Sibirien, wo der Wald „Taiga" heißt, bedeckt er fast 7,8 Millionen km^2 Land. In seiner pflanzlichen Biomasse sind riesige Kohlenstoffmengen gespeichert – so viel, dass der globale Kohlendioxid- und Sauerstoffgehalt im Takt der nördlichen Jahreszeiten merklich schwankt. Dies ist das Reich der Lärche.

Der gewaltige Strom Jenissei fließt über 3.400 km von der Mongolei bis zur Arktis und teilt Sibirien in zwei Teile. In westlicher Richtung, bis nach Finnland, ist die Sibirische Lärche (*Larix sibirica*) vorherrschend; der Osten bis zur Kamtschatka-Halbinsel ist die Heimat ihrer Schwester, der Dahurischen Lärche (*Larix gmelinii*). Die beiden Arten sind sich sehr ähnlich, ihre Standorte auch, aber die rötlichen, aufrechten Zapfen machen den Unterschied: Bei der Sibirischen Lärche sind sie weich behaart, während die Zapfen der Dahurischen Lärche Schuppen haben, die sich leicht nach außen krümmen. Die Lärchennadeln sind weich, zart und sitzen in Büscheln an den horizontal angeordneten Zweigen. Die Rinde junger Bäume ist silbergrau. Mit der Zeit wird sie rotbraun, sehr dick und bildet tiefe Risse, während die verborgene innere Rinde eine kastanienbraune Farbe hat.

Sibirien ist ausgesprochen unwirtlich. Über das Jahr hinweg gibt es hier Temperaturunterschiede von mehr als 100 °C. In Südsibirien erreichen die Lärchen so Wuchshöhen von über 30 m; unter extremen Bedingungen nahe dem Polarkreis werden sie dagegen nur 5 m hoch. Auf den typischerweise kurzen, plötzlichen Frühling folgen in der Taiga zwei oder drei frostfreie Monate, in denen die Temperatur durchaus einmal über 30 °C steigen kann. Die Winter sind lang und hart. In einigen Gebieten beträgt die durchschnittliche Monatstemperatur von Dezember bis März – 40 °C. In Frostnächten können die Temperaturen unter – 65 °C sinken. Dauerfrostboden, der das ganze Jahr über gefroren ist, ist hier normal und liegt nicht weit unter der Oberfläche. Trotzdem hat sich die Dahurische Lärche, der winterhärteste und am weitesten im Norden überlebensfähige Baum der Welt, hier durchgesetzt.

Die sibirischen Lärchen haben sich an Temperaturen unter dem Gefrierpunkt und den damit einhergehenden Mangel an flüssigem Wasser angepasst. Wie bei anderen Nadelbäumen im hohen Norden gleitet Schnee an ihrer schmalen Kegelform nach unten, sodass Schäden an den Ästen vermieden werden. Die nadelförmigen Blätter haben wenig Oberfläche, wodurch weniger Feuchtigkeit verdunstet, und sind wachsartig beschichtet, was ebenfalls vor Austrocknen schützt. Die Wachspartikel sind klein genug, um die kürzesten Wellenlängen des

Sonnenlichts zu zerstreuen. Daher wirkt die Farbe des Baumes insgesamt leicht bläulich. Anders als fast alle anderen Nadelbäume sind Lärchen sommergrün. Im Spätherbst werden sie goldgelb und werfen ihre Nadeln ab, wodurch sie die Wasserabgabe noch weiter reduzieren können. Im Herbst sorgen sie auch für biochemischen Frostschutz, indem sie in ihrer dicken Borke und im Holz z.B. Terpentin aufbauen und Wasser, das sonst in ihren Zellen gefrieren und diese zerreißen würde, durch verschiedene Zucker ersetzen. Wenn die Hauptwurzel der Dahurischen Lärche auf Dauerfrostboden stößt, stirbt sie ab. In so einem Fall hilft sich der Baum mit einem flachen Wurzelsystem, das sich so weit wie möglich in Schichten ausbreitet, die nicht vollständig gefroren sind.

Im 19. Jahrhundert sollen in Russland noch schöne Handschuhe aus der Rinde der Sibirischen Lärche hergestellt worden sein, die angeblich so weich wie Gamslederhandschuhe waren, nur strapazierfähiger und im Sommer angenehmer zu tragen. Heute wird Lärchenholz gern für Holzfassaden, im Bootsbau, für Furniere und als Zellstoffquelle für die Papierherstellung verwendet. In Finnland und Schweden gibt es große Baumpflanzungen – die wesentlich leichter zugänglich sind als der Nordosten Sibiriens.

Merkwürdigerweise kommen die frosterprobten Sibirischen und Dahurischen Lärchen in gemäßigten Gefilden schlecht klar. Der zaghafte Beginn des Frühlings in Westeuropa führt die Bäume in die Irre, sodass sie Knospen entwickeln und frostanfällig werden. Lärchen, so scheint es, können alles ertragen – außer Ungewissheit.

GOA, INDIEN

Cashewnuss

Anacardium occidentale

Die Cashewnuss stammt ursprünglich aus Brasilien, wo sie von den einheimischen Völkern schon lange angebaut wurde, bevor die portugiesischen Kolonisten im 17. Jahrhundert ihren Wert erkannten. Doch die Portugiesen führten sie in anderen Teilen ihres Weltreiches ein. So gelangte der Baum ins ostafrikanische Mosambik und nach Goa an der Westküste Indiens.

Der Cashewbaum ist immergrün, hat buschige, weit ausladende Äste und ledrige Blätter. Er wird bis zu 15 m hoch, wenngleich auch Zwergformen gezüchtet werden, um den Bauern das Leben zu erleichtern. Der Baum bildet verdickte Fruchtstiele, die zu einem sogenannten Cashewapfel, einer Scheinfrucht, anschwellen. (Eine echte Frucht entwickelt sich aus dem Fruchtknoten – dem Teil der Blüte, der die Eizellen enthält.) Der Cashewapfel hat die Größe einer kleinen Birne und ist essbar, schmackhaft, wenn auch etwas pelzig, worauf der indianische Tupi-Name *acajú* („mundzusammenziehend") hinweist. Der „Apfel" zieht Tiere an, die ihn ausbreiten. Doch er enthält keine Samen. Stattdessen hängt das Gebilde, das den eigentlichen Samen enthält, wie ein kleiner Boxhandschuh außen am „Apfel". Und der hat es in sich: Er ist eine doppelwandige, harte Nuss mit ätzendem Öl darin, das bei Berührung sofort Hautreizungen hervorruft, weil es Cardol und Anacardsäure enthält. Diese toxischen Stoffe haben eine ähnliche Wirkung wie Giftefeu – der übrigens derselben Gattung angehört wie die Cashewnuss. Das Öl schützt die Nuss, die man ungegessen ziemlich schnell fallen lässt.

Für den menschlichen Verzehr werden die Nüsse durch Erhitzen geöffnet (die rohen Kerne darin müssen auch gegart werden) und die Samen geröstet, um das restliche Gift auszutreiben. Man muss die experimentierfreudigen – oder zum Äußersten entschlossenen – Tupi und Arawak wirklich bewundern, die als Erste herausfanden, dass Cashewsamen ein gutes Nahrungsmittel sind. In Goa wird aus den Cashewäpfeln ein starker Schnaps namens Feni gebrannt, aber der ist nichts im Vergleich zu dem beißenden Öl, das die Nuss schützt.

Beim Pernambucoholz (S. 182) gibt es ebenfalls eine Verbindung zu Portugal.

Banyan-Feige

Ficus benghalensis

Wie ihr enger Verwandter und mythischer männlicher Partner, der Bobaum (s. S. 122), stammt die Banyan-Feige vom indischen Subkontinent. In Indien wird sie in Tempeln verehrt und dient mit ihrem riesigen Blätterdach – der größten Baumkrone der Welt – den Dorfbewohnern als Treffpunkt. Der Name dieser Art kommt von *banians*, einer allgemeinen Bezeichnung für „Händler“, da im Schatten eines einzigen Exemplares traditionell oft wimmelndes Marktleben stattfindet.

Das Leben dieses riesigen Baumes beginnt, wenn ein Vogel, ein Affe oder eine Fledermaus seinen Samen in einer feuchten Astspalte einer anderen Baumart ablegt, zusammen mit einem Klacks Dünger. Anfangs ist die Banyan-Feige nämlich eine Aufsitzerpflanze (Epiphyt): Das heißt, dass der andere Baum sie lediglich trägt, während sie Nährstoffe und Wasser aus der Umgebung aufnimmt. Der kleine Trieb sendet schnell dünne Wurzeln aus, die den Baum versorgen, sobald sie den Boden erreicht haben. Diese Luftwurzeln breiten sich schnell aus. Sie umhüllen den Stamm des Wirtes und schaffen Querverbindungen (Anastomosen), bis ein dichtes Netz aus dicken grauen Stützwurzeln entsteht. Der umgürtete Wirtsbaum verhungert und stirbt schließlich ab. Dabei hinterlässt er in der „Zwangsjacke“ aus Luftwurzeln oft ein hohles Zentrum. Im 18. und 19. Jahrhundert gab es zahlreiche Berichte über die „Würgefeigen“, zu denen auch die Banyan-Feigen gezählt wurden. Für das westliche Publikum wurden sie zum Inbegriff des Orients: exotisch, gefährlich und reich verziert.

Den Ästen älterer Banyan-Feigen entspringen ganze Vorhänge dünner Luftwurzeln. Bei Bodenkontakt pflanzen sich einige davon selbst ein und verdicken sich zu stammähnlichen Stützwurzeln, die den über ihnen wachsenden Trieb ernähren. Auf diese Weise breitet die Banyan-Feige sich eher nach außen als nach oben aus, und zwar auf enormen Flächen. Rekordexemplare in Anantapur und Kalkutta nehmen jeweils über 1,8 ha ein, haben Tausende von Stützwurzeln und einen Umfang von mehr als 800 m.

Kapokbäume (S. 80) sind ebenfalls beliebte Versammlungsorte.

INDIEN

Betelpalme

Areca catechu

Für einen Baum, der eine Wuchshöhe von 30 m erreichen kann, wirkt die Betelpalme außergewöhnlich schlank. Der charakteristisch geringelte Stamm, der aus Resten abgefallener Palmwedel besteht, sieht aus wie ein Turm aufeinandergestapelter CDs. Orangefarbene Früchte hängen bei dieser Art in üppigen Büscheln und enthalten jeweils einen Samen, der an eine Muskatnuss erinnert. Wegen dieser „Nüsse" – bzw. der Rauschwirkung ihrer Inhaltsstoffe – wird die Betelpalme in Indien, in Südostasien und auf den Fidschi-Inseln kultiviert. Weltweit werden mehr als eine Million Tonnen Betelnüsse im Jahr produziert, etwa zwei Drittel davon in Indien, die dort auch konsumiert werden.

Der Geschmack der Betelnuss erinnert an Zitronengras und Gewürznelken, hat aber auch etwas von einem Desinfektionsmittel (Karbol), und im Abgang ziehen Tannine kräftig den Mund zusammen. Geschmack ist hier jedoch zweitrangig. Die Nuss enthält Arecolin und andere Alkaloide, die während des Kauens direkt von der Mundschleimhaut aufgenommen werden. Das putscht auf, bewirkt milde Euphorie und ein entspanntes Wärmegefühl. In Asien werden Betelnüsse täglich von Millionen Menschen konsumiert, meistens als „Schmiermittel" im gesellschaftlichen System, oft als Digestif, um der Trägheit nach dem Essen entgegenzuwirken, und leider auch oft von Fernfahrern.

Die Betelnuss wird in Indien von spezialisierten Straßenhändlern verkauft, den *paanwallahs*. Sie wickeln Betelnuss-Raspel in die herzförmigen Blätter des Betelpfeffers (*Piper betle*) und geben einen Klacks gelöschten Kalk hinzu, der aus Asche extrahiert wird und die Mischung alkalisch macht, um die Droge freizusetzen. Die *paanwallahs* sitzen hinter Tischchen mit verführerischen Töpfen und Tränken und geben bereitwillig Tipps, mit welchen Aromen das Ganze gut schmeckt: Kardamom, Zimt, Kampfer oder Tabak. Ein Päckchen oder „Priem" *paan* färbt den Speichel während des Kauens knallrot und regt den Speichelfluss an. Den roten Saft darf man niemals schlucken; man muss ihn ausspucken. Das führt zwar zu einem wunderbar sauberen Mundgefühl, aber auch zu blutroten Klumpen auf den Gehwegen – nur für Kulturen geeignet, die im Freien leben. Bevor es Lippenstifte gab, wurden Betelnüsse verwendet, um die Lippen verführerisch rot zu färben. Das Kauen der Nüsse führt aber auch zu einer Verfärbung der Zähne, die davon letztlich schwarz werden. Die Geschmäcker ändern sich allerdings: In Siam (dem heutigen Thailand) waren dunkle Zähne im 19. Jahrhundert noch so angesagt, dass Gebisse angeblich in Schwarz angefertigt wurden. In Indien nimmt der Betelnuss-Konsum immer noch zu. Andernorts geht der Verbrauch dagegen zurück, was wohl daran liegt, dass Betelnüsse im Verdacht stehen, Krebs zu erregen, aber auch daran, dass sie – paradoxerweise – durch Tabak ersetzt werden, der noch aggressiver vermarktet wird.

INDIEN

Gewöhnlicher Burma-Nimbaum

Azadirachta indica

Nimbäume (auch: Niembäume), Millionen von ihnen, sind in Indien allgegenwärtig. Diese schnell wachsenden, immergrünen Bäume bieten willkommenen Schatten in trockenen Gebieten und gedeihen auch auf unfruchtbarem Boden. Sie bringen kleine, weiße, nach Honig duftende Blüten hervor, die Bienen anziehen. Aus den grüngelben, olivenähnlichen Früchten lässt sich ein Öl gewinnen, das in Indien medizinisch und kulturell eine große Bedeutung hat. Nim wächst vor der Tür und wird gegen alle möglichen Krankheiten eingesetzt – ein Allheilmittel, vergleichbar mit Hühnersuppe in der jüdischen Kultur oder Tigerbalsam in Südostasien. Millionen von Indern kauen lieber auf einem Nimzweig herum, als eine Zahnbürste zu benutzen. Und die unverwechselbar gefiederten Nimblätter hängen zum Schutz der Dorfbewohner über vielen Eingangstüren.

Das wirft die Frage auf, ob die Nim-Wirkung auf Aberglauben beruht oder auf Tatsachen. Wissenschaftliche Analysen haben ergeben, dass Nimextrakte eine Vielzahl von antimikrobiellen Wirkstoffen enthalten: So ließen sich viele der behaupteten Heileffekte fundiert begründen. Was der Nimbaum aber bewiesenermaßen außerordentlich gut kann, ist, das Verhalten von Insekten zu beeinflussen.

Wenn ein Insekt einen Baum sieht, denkt es zweifelsohne ans Fressen. Da Bäume vor den hungrigen Krabbeltieren nun mal nicht weglaufen können, haben sie viele Verteidigungsstrategien entwickelt, und der Nimbaum gibt sich besonders viel Mühe. Seine Blätter, seine Rinde und vor allem das Öl seiner Früchte enthalten eine ganze Batterie von Insektenbekämpfungsmitteln – organische Verbindungen, die die Lebensdauer der angreifenden Insekten negativ beeinflussen. Schlauerweise befinden sich diese biochemischen Substanzen nicht in den Blüten oder im Nektar des Nimbaumes, sodass Bienen und andere nutzbringende Bestäuber kaum betroffen sind.

Nimextrakt schmeckt den Insekten so schlecht, dass sogar Heuschrecken die Kulturpflanzen meiden, die damit behandelt wurden. Viele Schädlinge verhungern lieber, als diesen chemischen Cocktail zu schlucken, der so überlebenswichtige Dinge wie die Metamorphose oder den Appetit mächtig durcheinanderbringt. Nim schreckt auch viele fliegende Insekten erfolgreich ab – Mücken z.B. – und ist schon in einer Konzentration von 10 : 1 Million Teile wirksam. Also sind Nimblätter in indischen Dörfern wahrscheinlich ein echter Schutz.

Nimprodukte schaden dem ökologischen Gleichgewicht offenbar nicht so stark wie synthetische Insektizide. Sie sind nämlich biologisch abbaubar, d.h. nach etwa einer Woche Sonnenschein verschwunden. Sie wirken auch anders als chemische Keulen, die mit ihrem Gift ausnahmslos alle Insekten töten. Nim enthält eine Kombination von Wirkstoffen, die verschiedene Aspekte des Insektenlebens gleichzeitig stört und es den Schmarotzern schwer macht, Resistenzen dagegen zu entwickeln. Nimprodukte sind zwar für Fische schädlich, scheinen aber Warmblütern wie dem Menschen nicht zu schaden. Nimfrüchte sind essbar. Nimblätterextrakt wird seit Jahrtausenden in kosmetischen Produkten verwendet. Als Insektizid ist Nim in vielen Ländern zugelassen (darunter den USA) – sogar, um Kinderbetten gegen Milben einzusprühen. Und Nimbäume wurden schon erfolgreich zur Schädlingsabwehr auf indischen Baumwollfeldern und westafrikanischen Gemüsefeldern gepflanzt.

Angesichts der Tatsache, dass Nim wirksam, sicher, preiswert, nachhaltig und biologisch abbaubar ist (mit dem günstigen Nebeneffekt, dass die Anpflanzung der Bäume auch noch gut für die Umwelt ist), fragt man sich: Warum ist er nicht viel weiter verbreitet? Das hat vor allem wirtschaftliche Gründe. Der Nimbaum wird schon so lange genutzt, dass es für Unternehmen schwierig ist, sich Produkte patentieren zu lassen, die aus ihm gewonnen werden. Ohne ein Produkt vor der Konkurrenz schützen zu können, haben die Firmen wenig Interesse daran, in die Zulassung, die Vermarktung und den Vertrieb von Nimprodukten zu investieren. Patentierbare synthetische Mittel lassen sich mit mehr Profit verkaufen – auch solche, die weniger wirksam oder schädlicher für die Umwelt sind. Der freie Markt regelt nicht alles zu unserem Besten.

Bobaum

Ficus religiosa

Der Bobaum oder Indische Pepulbaum ist von Pakistan bis Myanmar verbreitet, prägt aber vor allem die Landschaft und Kultur Zentral- und Nordindiens. Er eignet sich bestens als Setting für Roman- oder Filmszenen und ist Buddhisten, Hindus und Jainas gleichermaßen heilig. Es gibt kaum ein indisches Dorf und kaum einen Schrein ohne einen alten Bobaum: „Den Pepulbaum besuchen" ist in Indien ein Synonym für „beten gehen".

Berichten zufolge werden Bobäume Tausende von Jahren alt. Sie wachsen schnell. Junge Bäume haben eine glatte Rinde und oft undeutliche waagerechte Linien am Stamm. Später schält sich die Rinde in Streifen ab, bildet Rillen und Brettwurzeln. Kräftige Luftwurzeln verlaufen vom Geäst nach unten; sie geben dem Baum Standfestigkeit, bieten aber auch anderen Pflanzen und Tieren Schutz. Im Winter wirft der Baum seine Blätter ab. Der Neuaustrieb im April leuchtet zinnoberrot, kupfern und rosig – eine Farbpalette, die man an vielen Baumtrieben bewundern kann. Da Insekten und andere Pflanzenfresser zarte junge Blätter lieben, investieren viele Baumarten erst dann kostbares Chlorophyll in die Blätter, wenn sie schon etwas größer sind. Ohne Chlorophyll sind die Blätter weniger nährstoffreich, und es wird unwahrscheinlicher, dass die ganz jungen Triebe gefressen werden. Rote Farbe auszubilden, kostet den Baum natürlich auch Ressourcen. Rottöne sind für Insekten jedoch schwer zu erkennen, was die Chancen erhöht, dass die roten Pflanzenteile verschont bleiben. Mit der Zeit werden die Bobaumblätter oberseits grün und glänzend, unterseits matt und blass, etwa so groß wie eine Hand und herzförmig bis nahezu dreieckig. Die gelbgrünen Blattadern sehen im Gegenlicht fantastisch aus. Am Ende jedes Blattes sorgt eine markante Spitze dafür, dass das Regenwasser schnell abläuft, statt Mineralien auszuwaschen oder lichtraubende Besucher zu versorgen. Aufgrund der ledrigen Struktur und der langen, biegsamen Stiele der Blätter erklingt aus einem Bobaum schon bei der leichtesten Brise ein raschelndes Geräusch, was besonders nachts ziemlich unheimlich wirken kann.

Ende des 6. Jahrhunderts v. Chr., so heißt es, meditierte Siddharta Gautama (Buddha) unter einem Bobaum und wurde dort erleuchtet. Ein großer Tempel markiert die Stelle in der heutigen Kleinstadt Bodhgaya („Ort der Erleuchtung") im nordindischen Bundesstaat Bihar. Dort wächst ein heiliger Bobaum, Abkömmling eines Exemplars aus Anuradhapura in Sri Lanka, das seinerseits im Jahr 288 v. Chr. aus einem Ableger des ursprünglichen Buddha-Baumes in Bodhgaya gezogen wurde.

Derweil sind die drei Hauptgötter des Hinduismus – Brahma, Shiva und Vishnu – ebenfalls eng mit dem Bo- bzw. Pepulbaum verbunden. Die Hindus

glauben zudem, dass die Göttin Lakshmi denjenigen Frauen Fruchtbarkeit und Glück verleiht, die an einem Samstag ein Band um den Stamm schlingen. Wenn ein Bobaum einen Nimbaum umrankt, gilt diese „Umarmung" als besonders verheißungsvoll. Für das glückliche Baumpaar wird eine symbolische Trauungszeremonie abgehalten, und wenn an dieser Stelle nicht bereits ein Schrein steht, wird jetzt einer gebaut.

Die Feigen des Baumes sind wie bei anderen *Ficus*-Arten Scheinfrüchte: Sie bestehen aus einem fleischigen Blütenboden mit unzähligen kleinen Blüten auf der Innenseite, die von winzigen Wespen bestäubt werden. Beinahe kugelförmig, sitzen diese Feigen fast stiellos an den Zweigen, erst grünlich-gelb, dann purpurn und schließlich fast schwarz. Während die kirschgroßen Früchte von Menschen nicht gern gegessen werden, sind sie bei Staren und Fledermäusen beliebt. Die Tiere breiten die Samen aus, und die keimen dann gern einmal in feuchten Spalten anderer Bäume oder in Mauerfugen. Für religiöse und abergläubische Inder sind die Ableger ein Problem, denn sie dürfen sie nicht entwurzeln – auch, wenn dadurch Schäden entstehen: Nach altem Brauch ist „das Schneiden des Pepulbaums sündhafter, als einen Heiligen zu töten". Ach, könnten doch mehr Baumarten auf der Welt in den Genuss eines solchen Tabus kommen!

Die Blattstiele der Amerikanischen Espe (S. 211) sind auch abgeflacht und lassen die Blätter schimmern.

CHINA

Täuschende Stachelesche

Zanthoxylum simulans

Die Täuschende Stachelesche, landläufig auch Szechuanpfeffer genannt, ist nicht mit Chili, Paprika oder der blühenden Kletterpflanze verwandt, der wir den schwarzen Pfeffer verdanken. Die Stachelesche liefert uns auch ein Gewürz, aber eins mit ziemlich ungewöhnlicher Wirkung.

Der niedrige Baum oder Strauch wächst in den hügeligen Wäldern Nord- und Mittelchinas. Er zeichnet sich durch eine bedornte Rinde aus. Am Stamm und an dickeren Ästen verholzen die Dornen und verleihen dem Strauch ein reptilartiges Aussehen – daher der Name „Stachelesche". Im Sommer heben sich kleine gelbliche Blüten in Dolden von den glänzenden, dunkelgrünen, gefiederten Blättern ab. Die Früchte ähneln Beeren. Rund, knubbelig und trocken, färben sie sich mit der Zeit rot, springen seitlich auf und geben schwarz glänzende Samen frei. Die Samenhülsen enthalten spezielle chemische Verbindungen, sogenannte Alkamide (Sanshoole), die unsere Sinne auf merkwürdige Art täuschen.

Minze wirkt im Mund auch dann kühlend, wenn sie gar nicht kalt nicht ist. Und von Chili wird uns heiß, auch wenn eine scharfe Speise kalt genossen wird. Das sind gängige Beispiele für eine anomale Körperempfindung (Parästhesie). Außerhalb von China, Nepal und Bhutan, wo der Szechuanpfeffer ein beliebtes Gewürz ist, ist allerdings weniger bekannt, dass dem Mund auch Vibrationen vorgetäuscht werden können. Bei Versuchen gaben beeindruckend geduldige Freiwillige zu Protokoll, ihre Lippen und ihre Zunge hätten innerhalb von einer Minute nach dem Kontakt mit Szechuanpfeffer etwa 50-mal pro Sekunde vibriert. Manche sagten, es habe sich so angefühlt, als hätten sie an einer 9-Volt-Batterie geleckt (schon mal probiert?). Das starke Kribbeln geht mit Speichelbildung und Taubheit einher, eine seltsam angenehme Kombination, die bei Neulingen vorübergehend zu ungewolltem Sabbern führen kann. Kein Wunder, dass die Früchte einer verwandten Baumart von Indianern in Nordamerika verwendet werden, um Zahnweh zu betäuben. Und in einer Fachrichtung mit dem hübschen Namen *tingle psychophysics* („Kribbel-Psychophysik") spielen Alkamide eine wichtige Rolle bei der Schmerzforschung und -bekämpfung.

Wieso Pflanzen Alkamide überhaupt produzieren, ist noch ungeklärt. Neuere Untersuchungen haben ergeben, dass diese Stoffe Reissämlinge vor unliebsamen Schädigungen durch Unkrautvernichtungsmittel schützen; vielleicht verteidigt sich die Stachelesche also mit ihnen. Den Chinesen ist das prickelnde Taubheitsgefühl indes so vertraut, dass sie es kurz und bündig mit nur einer Silbe beschreiben: *la*.

Weißer Maulbeerbaum

Morus alba

Es gibt zwei weitverbreitete Maulbeerarten, die eng miteinander verwandt sind. Beide Bäume sind mittelgroß und haben hübsche, knorrige Stämme. Der Schwarze Maulbeerbaum (*Morus nigra*) hat raue, eiförmig zugespitzte Blätter, während der Weiße Maulbeerbaum (*Morus alba*) oberseits glatte Blätter hat. Die Schwarze Maulbeere stammt aus Südwestasien; sie ist in Europa als Obstbaum schon lange bekannt. Vögel haben zu ihrer Ausbreitung beigetragen. Ihre süßsauren Früchte sind wohlschmeckend, beim Essen muss man allerdings aufpassen: Der Saft färbt Kleidung, Lippen und Finger rot. Die schwarzen Maulbeeren werden kaum verkauft, weil sie „jedem Drucke weichen", wie es bei Shakespeare heißt, also sehr empfindlich sind.

Der Weiße Maulbeerbaum ist in Ostchina beheimatet. Er hat weiße bis blassviolette Früchte, die fadsüß schmecken. Geschichte gemacht hat der Baum mit etwas anderem. Seine Blätter sind nämlich die Leibspeise der Seidenspinnerraupen. Schon seit über 4.500 Jahren nutzen die Chinesen diese Schmetterlingsraupen, um Seide zu produzieren. Sie haben aus *Bombyx mandarina*, der Wildform des Seidenspinners, eine andere, vollständig auf den Menschen angewiesene Art gezüchtet: *Bombyx mori*. Diese Falter können sich noch nicht einmal fliegend einen Begattungspartner suchen. Die Larven leben in flachen Kästen und werden mit Maulbeerblättern gefüttert. Nach ausgiebigem Fraß spinnt jede Raupe mit einem Proteinfaden aus ihrem Speichel einen Kokon. So ein Faden ist nur ca. 0,01 mm dick, aber ca. 0,8 km lang. Er schimmert, weil er ein dreieckiges Profil hat – seine Seitenflächen brechen und reflektieren das Licht. Aus dieser Faser entsteht durch Abwickeln und Verspinnen der Seidenfaden.

Stellen Sie sich vor, wie die weiche Seide früher auf Menschen gewirkt haben muss, die nur kratzige Wolle und Leinen kannten! Während der Han-Dynastie (vor etwa 2.000 Jahren) war die Nachfrage nach dem glänzenden, kostbaren Stoff so groß, dass die Seide zur Entwicklung eines ausgeklügelten Handelssystems führte: der Seidenstraße. Ein Netz von Karawanenstraßen entstand. Erst wurde innerhalb Zentralasiens gehandelt, später gab es Wege von Ostasien über Indien und Arabien bis nach Europa. Darauf wurden nicht nur Güter, sondern auch Ideen transportiert. So hat die alte Handelsroute beträchtlich zum ökonomischen und intellektuelen Austausch zwischen den Kulturen beigetragen.

Über Jahrhunderte hinweg gelang es den Chinesen, das Geheimnis der Seidenraupenzucht zu bewahren. Sie verteidigten ihr Monopol, indem sie für Seidenraupen- und Maulbeersamenschmuggel die Todesstrafe verhängten. Heute ist so etwas nicht mehr zu befürchten, doch ein Großteil der weltweit erzeugten Seide kommt weiterhin aus China. Und Seide wird nach wie vor aus den Kokons der Seidenraupen gewonnen, die ihrerseits die Blätter des Weißen Maulbeerbaums fressen.

Lack-Sumach

Toxicodendron vernicifluum

Der Saft des Lack-Sumachs ist die Grundlage für die japanische Lackkunst, deren Geschichte teilweise durchaus verstörend ist. Der Baum wird bis zu 20 m hoch, wächst gerade und mit gleichmäßiger Krone. Er gedeiht auf Hügeln und Bergen bis zu einer Höhe von 3.000 m. Mit seinen großen, auf der Unterseite samtigen Fiederblättern und schrumpeligen, erbsengroßen Früchten ist er recht hübsch, im Alter (mit 60 Jahren oder mehr) sieht er allerdings oft ein bisschen schütter aus.

Der Lack-Sumach kommt ursprünglich aus Zentralchina. Vor rund 5.000 Jahren wurde er in Japan eingeführt, wo sich das Lackhandwerk kontinuierlich zu einer hohen Kunst entwickelte. Im 17./18. Jahrhundert waren Lackarbeiten so kostbar, dass bis zur Zeit der Meiji-Restauration (ab 1868) jeder Baum zur Lackgewinnung gemeldet werden musste. Wer einen Lack-Sumach beschädigte oder zu häufig anzapfte, musste mit empfindlichen Strafen rechnen, und ohne eine offizielle Genehmigung durfte man noch nicht einmal einen toten Baumstumpf beseitigen. Heute wird der überwiegende Teil des Rohsaftes eingeführt – einmal mehr aus China.

Die Lackgewinnung beginnt im Hochsommer. Viele kleine waagerechte Ritze in die Rinde bringen den Baum zum Bluten. Der wertvolle milchige Saft wird in kleinen Mengen von höchstens 0,25 l pro Jahr abgezapft. Das geht drei bis vier Jahre in Folge so, dann folgt eine Ruhepause. Der Saft wird gefiltert, wärmebehandelt, mit Zinnober, Ruß oder Eisenoxid gefärbt und dann Schicht für Schicht auf Holz-, Bambus- oder Pappmaschee-Oberflächen aufgebracht, wobei jede Schicht zwischendurch trocknen muss und auf Hochglanz poliert wird. Überraschenderweise braucht der Lack zum Aushärten eine hohe Luftfeuchtigkeit; er polymerisiert an der Luft und bekommt eine harte, glänzende, wasserfeste Oberfläche. Mit solchen Eigenschaften waren lackierte Gegenstände bis zur Erfindung des Kunststoffs einfach unschlagbar. Nicht umsonst werden gewisse Fertigungsdetails bis heute sorgfältig unter Verschluss gehalten. Bestimmte Lackobjekte erfordern Dutzende von Lackschichten und monatelange Arbeit, zu der die aufwendige Einarbeitung von Blattgold oder Reispapier gehört. Das Ergebnis sind teils unglaublich schöne Kunstwerke – Musikinstrumente, Wandschirme, Schmuckstücke, Kästchen und Schalen.

Wie der wissenschaftliche Namen *Toxicodendron* vermuten lässt, hat der Lack-Sumach aber auch eine unschöne Seite. In seinem Saft sind ölartige chemische Verbindungen enthalten, die Urushiole (jap. *urushi* = Lack), extrem widerliche Substanzen, auch in Nordamerika bekannt und gefürchtet, weil sie in dem mit dem Lack-Sumach verwandten Kletternden Gift-Sumach (Giftefeu) vorkommen. Schon im 5. Jahrhundert berichteten chinesische Gelehrte von Hautausschlägen, die bei Bauern und anderen Menschen, die mit den Bäumen arbeiteten, auftraten. Urushiole verursachen in flüssigem Zustand starke allergische Reaktionen, und in Dampf enthalten können sie ebenfalls monatelangen Juckreiz auslösen. Ausgehärtete Lackwaren eignen sich dagegen sogar für die Aufbewahrung von Lebensmitteln.

Die grausigste Nutzung des Lack-Sumachs fand sich aber bei einer nordjapanischen buddhistischen Sekte. Deren asketischen Anhängern ging es darum, *sokushinbutsu* – „lebende Buddhas" – zu werden. Sie unterwarfen sich einem mehrjährigen Ritual, das daraus bestand, allmählich immer weniger Nahrung zu sich zu nehmen und eine spezielle Diät aus Nüssen, Samen, Wurzeln und Rinde einzuhalten. Schließlich mumifizierten die Mönche sich selbst, indem sie den Saft des Lackbaums als Tee tranken, der den Körper sogar für Maden zu giftig und zur „Ganzkörper-Reliquie" machen sollte. Sie starben einen langsamen, qualvollen Tod. Drei Jahre nach ihrem Tod öffnete man ihre Särge, und wenn ihre Überreste nicht verwest waren, glaubte man, dass sie den Weg ins Nirwana gefunden hätten. Diese Praxis wurde erst Ende des 19. Jahrhunderts als Beihilfe zur Selbsttötung verboten – und noch heute werden in japanischen Tempeln grauenhaft gut erhaltene Leichen von Mönchen ausgestellt, die sich selbst mumifiziert haben.

Das Schalenöl von Cashewkernen (S. 114) enthält Stoffe mit vergleichbaren Eigenschaften wie Urushiole.

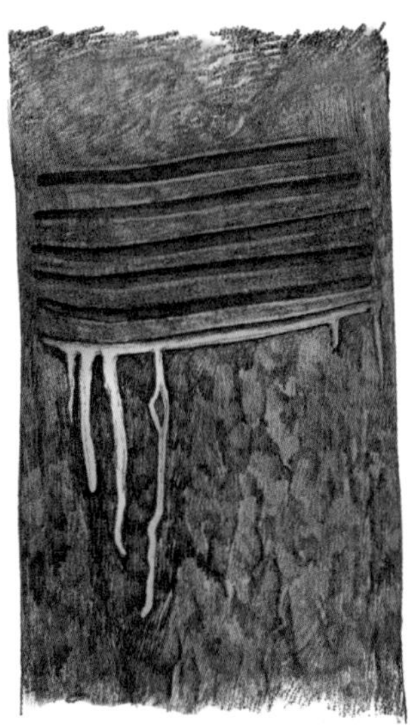

JAPAN

Yoshino-Kirsche

Prunus × yedoensis

Kein anderer Baum bedeutet den Japanern so viel wie die Zierkirsche. Es gibt Hunderte von gezüchteten Sorten, mit Blütenfarben von Weiß bis Purpurrot, und die beliebteste ist die Yoshino-Kirsche. Der kleine Laubbaum hat strahlend weiße, am Stiel zartrosa angehauchte Blüten mit fünf Kronblättern. Die Blüten erscheinen im Frühjahr vor den Blättern und sind ein überwältigender Anblick.

Dass die volle Pracht der Kirschblüte (jap. *sakura*) weniger als eine Woche dauert, erhöht ihre Anziehungskraft noch und entspricht dem buddhistischen Ideal eines Lebens im Hier und Jetzt. Die Kirschblüte verkörpert das ästhetische Prinzip *mono no aware*, was so viel heißt wie „das Herzzerreißende der Dinge", ein Gefühl, das überall im Land geteilt und als der japanischen Seele zugehörig angesehen wird.

Die schöne Sitte, blühende Kirschbäume zu betrachten und unter ihnen zu picknicken, heißt in Japan *hanami*. Das *Hanami*-Fest gibt es schon seit über 1.000 Jahren. Ursprünglich ein Zeitvertreib des Adels, wurden die Feierlichkeiten in der Edo-Zeit (vom 17. bis zum 19. Jahrhundert) immer beliebter, und heute ist so gut wie jeder dabei. Ende März sind die großen Wassergräben am Kaiserpalast in Tokio ein paar Tage lang übersät mit Ruderbooten, die dunkle Spuren durch ein weißes Meer treibender Blüten ziehen und in denen Paare die kurzlebige Pracht bestaunen. Die städtischen Parks sind voller feiernder Familien – einfach alle, Schulkinder wie Angestellte, nehmen an diesem gesellschaftlichen Ereignis teil. Täglich berichten die Medien darüber, wie *sakura zensen*, die „Kirschblütenfront", sich gerade entwickelt. Aufgrund der detaillierten Berichte über die japanischen Kirschblütenfeste hat man den Klimawandel über mehrere Jahrhunderte hinweg nachvollziehen können.

Einmal darauf aufmerksam geworden, entdeckt man in Japan überall Kirschbäume: vor den meisten Schulen und anderen öffentlichen Gebäuden, vor Tempeln und an Flussufern. Die Bäume werden nicht nur wegen ihrer schönen Blüten, sondern auch deswegen gepflanzt, weil sie eng mit der japanischen Kultur, Religion und sogar Politik verwoben sind. Darstellungen von Zierkirschen finden sich auf Kimonos und Schreibwaren, Geschirr, Briefmarken, Münzen – und Menschen, denn Kirschblüten sind in Japan ein häufiges Motiv für Tätowierungen (*irezumi*). Die Yoshino-Kirsche ist so eng mit Japans Selbstverständnis verknüpft, dass sie auch schon für nationalistische Durchhaltepropaganda missbraucht wurde. So gehörte im Zweiten Weltkrieg eine Untereinheit namens *Yamazakura* („Wildkirschblüte") zur ersten Kamikaze-Einheit. Man verglich Kirschblüte und Krieger, weil beide, so die Vorstellung, geboren werden, um ein glanzvolles Leben zu leben und jung zu sterben.

Amazonas-Parakautschukbaum

Hevea brasiliensis

Tropische Wälder sind ein Durcheinander. Viele Baumarten sind darin nur mit wenigen Exemplaren pro Hektar vertreten. Durch die Vereinzelung fällt Schädlingsbefall weniger ins Gewicht. Bei wenigen möglichen Partnern sind Bäume mit Kreuzbestäubung aber darauf angewiesen, dass alle Exemplare einer Art zur selben Zeit blühen – sie brauchen einen gemeinsamen „inneren Kalender". Am Äquator sind die Tage immer mehr oder weniger gleich lang, sodass Bäume dies nicht als Signal nutzen können. Kautschukbäume reagieren stattdessen auf kleine Helligkeitszunahmen des Sonnenlichts um die Tagundnachtgleichen herum. Dann blühen sie alle zusammen und bringen Büschel von gelben, glockenförmigen Blüten hervor, denen Mücken und Fransenflügler als fleißige Pollenvermittler dienen. Wenn die dreilappige Frucht reif ist, springt sie explosionsartig auf und verteilt große, gesprenkelte Samen, die auf nahen Wasserläufen wegtreiben, um anderswo zu keimen (sofern ihr hartes Gehäuse vorher nicht von Piranhas geknackt wird).

Viele tropische Bäume erzeugen Milchsaft (Latex), der Naturkautschuk enthält, doch *Hevea brasiliensis*, der in den Einzugsgebieten des Flusses Amazonas in Brasilien und des Orinoco in Bolivien heimisch ist, ist der bekannteste von ihnen. Früher wurde er *caoutchouc* genannt und davor *cauchu*, eine Ableitung von dem Indianernamen der Pflanze, der „Träne des Baums" bedeutete. Der Kautschukbaum gehört zur Familie der Wolfsmilchgewächse. Sein cremiger Latex ist eine wässrige Suspension mit etwa 50% Kautschuk, gespeichert in den Milchröhren der Rinde. Von hier kann der Saft bei Verletzungen schnell ausgeschieden werden und gerinnen, um Wunden zu verschließen. Bei der Latexgewinnung werden Antigerinnungsmittel eingesetzt, nachdem man den Baum im Zickzack angeritzt hat – nur so fließt der Latex weiter und kann aufgefangen werden.

Im Jahr 1531 erregten am spanischen Hof einige Azteken großes Aufsehen, die mit springenden Bällen aus Kautschuk (allerdings von einer anderen Pflanze) eine Art Ur-Basketball vorführten. Um 1770 benutzten die Briten erstmals geronnenen Latex, um Bleistiftstriche auszuradieren (daher der Name „Radiergummi"). In London brachte ein kleiner Würfel des „indianischen Kautschuks" 3 Schilling ein – damals ein kleines Vermögen. Die indigenen Stämme Amazoniens hatten Kautschuk aber schon Jahrhunderte zuvor verwendet, um Schuhe herzustellen. Sie nutzten ihn auch zum Beschichten von Schuhen, lange bevor der Schotte Charles Macintosh in den 1820er Jahren darauf kam, gelösten Kautschuk auf Stoff für Regenmäntel aufzutragen.

Direkt aus den Bäumen extrahierter Kautschuk zerbröckelte leider bei Kälte und wurde bei Wärme klebrig. 1839 entdeckte der Amerikaner Charles Goodyear dann, dass roher Kautschuk widerstandsfähig gegen extreme Temperaturen wurde, wenn man ihn zusammen mit Schwefel erhitzte. Dieser „vulkanisierte" Kautschuk tauchte nun überall auf: in Pumpen und Dampfmaschinen wie in Kämmen und Korsetts. Angeblich hat Jack the Ripper kautschukbesohlte Stiefel getragen, um seine Opfer zu überraschen. Die Kautschuk-Nachfrage übertraf das Angebot schon bald bei Weitem. Der Preis schoss in die Höhe und führte am Amazonas zu einem „Kautschukboom": Rücksichtslose Händler traten auf den Plan, verkündeten ihre Ansprüche und betrieben Raubbau an den tropischen Bäumen. Mit ausbeuterischer Unverfrorenheit (oder unternehmerischem Weitblick, wie man's nimmt) brachte der Engländer Sir Henry Wickham 1876 die gewaltige Lieferung von 70.000 Kautschuksamen von Brasilien nach Kew Gardens. Später wurden Sämlinge von dort aus in die asiatischen Kolonien verschifft, wo sie eingepflanzt und mit großem Erfolg weiter gezüchtet wurden. Das waren die Anfänge der heutigen Kautschukplantagen.

Danach eroberte der Werkstoff Gummi die Straße. Im Jahr 1888 ließ sich John Boyd Dunlop den ersten aufblasbaren Gummifahrradreifen patentieren, und im frühen 20. Jahrhundert wurden pneumatische Reifen, Gummidichtungen, Dichtungsringe, Gummimatten und -schläuche von Firmen wie Firestone, Goodyear, Michelin und Pirelli immer bekannter. Letztlich führte diese Entwicklung dazu, dass Autos die Eisenbahn in den Schatten stellten.

1928 versuchte Henry Ford, mit einer Gummiplantage in Brasilien das britische Gummimonopol zu brechen. Die brasilianische Regierung überließ ihm dafür eine Million Hektar Land, auf dem er Fordlândia baute, eine Fabrikstadt für 10.000 Arbeiter. Die Sache ging schief: Dschungelfieber, Malaria und kulturelle Unstimmigkeiten (Alkohol, Tabak, Frauen und Football waren verboten) führten zu immer mehr Widerstand in der Belegschaft. Die Manager hatten keine Ahnung von Botanik, sodass ein Pilz und Insektenschädlinge sich auf den Bäumen verbreiten konnten, die außerdem viel zu dicht beieinanderstanden und in falsche Erde eingepflanzt worden waren. 1934 stillgelegt, ist Fordlândia heute eine Geisterstadt.

In den 1930er Jahren wurden jährlich eine Million Tonnen Rohkautschuk aus Südostasien exportiert: Für die USA war Kautschuk das wertvollste Importprodukt. Als die Achsenmächte im Zweiten Weltkrieg zunehmend die Kontrolle über die Kautschukplantagen übernahmen, veranlasste dies die Alliierten, synthetischen Kautschuk zu entwickeln. Dafür nutzte man fossile Brennstoffe und ihre Nebenprodukte. Heute kommt mehr als die Hälfte des weltweit verarbeiteten Kautschuks nach wie vor von Bäumen, aber das hat seinen Preis. Riesige Plantagen in Thailand und Indonesien gefährden das tropische Ökosystem und sind anfällig für Blattfäule. Auf der anderen Seite verschmutzen Chemiewerke natürlich auch die Umwelt, und beide Verfahren verbrauchen viel Energie und Wasser. Doch was wären wir ohne Kondome und Autoreifen?

Kautschukbäume haben Samenhülsen, die aufplatzen – gegen den Sandbüchsenbaum (S. 190) ist das aber gar nichts.

MALAYSIA

Durianbaum

Durio zibethinus

Für einen Baum, der bis zu 6 kg schwere, gepanzerte Früchte trägt, ist der Durianbaum ungewöhnlich zierlich. Seine länglich-ovalen Blätter laufen spitz zu und haben eine markante Mittelrippe. Die Blattoberseite ist glänzend und olivgrün, die Unterseite dagegen matt kupfergolden, wodurch das Laub bei einer sanften Brise schön schimmert. Mit einer Wuchshöhe von bis zu 45 m (in tropischen Tieflandwäldern) und kräftigen Ästen, die fast horizontal vom geraden Stamm abstehen, ist der Durianbaum ein idealer Kletterbaum. Die großen, dekorativen Blüten hängen büschelweise an den Zweigen; sie sind fast weiß und riechen buttrig bzw. leicht nach saurer Milch. Ein besonderer Duft wie dieser ist typisch für alle Blüten, die ganz bestimmte Bestäuber anlocken. Die Durianblüten haben zwar nachmittags auch für Bienen geöffnet, falls diese in Versuchung kommen sollten, aber ihr Hauptgeschäft wickeln sie nachts ab: Dann ernähren Fledermäuse sich von ihrem Nektar und tragen im Gegenzug den Pollen fort.

Bekannt ist der Durianbaum vor allem für seine Früchte, die man nur lieben oder hassen kann. Und was das für Früchte sind! Sie hängen zu mehreren an dicken Stielen und werden in 14 Wochen so groß wie ein Rugbyball – oder noch größer. Auf Malaiisch bedeutet *duria* „Dorn“. Die holzige, gelbgrüne Schale der Früchte ist nämlich rundum mit harten, pyramidenförmigen Stacheln besetzt, sodass es eine Herausforderung ist, die Frucht anzuheben, wenn der Stiel einmal abgebrochen ist. Eine überreife Frucht bricht von selbst auf und offenbart ein weißes, faseriges Mark, in das vier oder fünf große, vanillegelbe Fruchtkammern mit jeweils ein paar großen Samen darin eingebettet sind. Der penetrante Geruch der Durianfrucht ist berüchtigt. Er zieht große Säugetiere wie Wildschweine oder Affen an, die die Samen der Früchte schön weit weg vom Mutterbaum ausbreiten können. Elefanten warten geduldig (man könnte auch sagen: unerschütterlich) unter den Bäumen darauf, dass eine Durian herunterfällt. Wenn ein Dickhäuter eine Frucht verschlingt, schluckt er die Samen im Ganzen hinunter und scheidet sie später in beträchtlicher Entfernung wieder aus, zusammen mit einem nützlichen Dunghaufen.

Noch ein anderes, kleineres Säugetier weiß die Frucht zu schätzen: der Mensch. Dank des menschlichen Einsatzes werden Durians, die ursprünglich aus Indonesien und Malaysia stammen, heute auch in Thailand, Südindien und im Nordwesten Australiens angebaut. In Fernost haben die Früchte zahlreiche Liebhaber. Kenner kratzen die Außenhaut mit dem Fingernagel ab und halten sich die Frucht dann ans Ohr, um zu hören, ob das Fruchtfleisch sich schon vom Mark gelöst hat. Der Duft und der Geschmack der Frucht lassen niemanden kalt. Eine Durian zu verzehren, sei wie „süßen Himbeerpudding auf der Toilette zu essen“, hat der britische Schriftsteller Anthony Burgess einmal gesagt, und der US-amerikanische Fernsehkoch Anthony Bourdain äußerte sich so: „Danach haben Sie einen Mundgeruch, als hätten Sie Ihrer toten Großmutter einen Zungenkuss gegeben.“

In geschlossenen Räumen stinkt eine Durian zweifellos. Deshalb ist es in Malaysia und Singapur vielerorts auch verboten, eine Durian mit ins Hotel oder ins Flugzeug zu nehmen. Andererseits sind wir in Geschmacksfragen leicht zu beeinflussen – hier im Westen sind wir, weil wir Durians nicht von klein auf kennen, also vielleicht schon von vornherein entschlossen, sie widerlich zu finden. Vorbehaltlos begeistert war dagegen im 19. Jahrhundert der Naturforscher Alfred Russel Wallace: „Eine reichhaltige, sahnige Crème anglaise mit einer kräftigen Mandelnote ist insgesamt der beste Vergleich, aber vermischt mit einem Hauch von [...] Frischkäse, Zwiebelsauce, braunem Sherry und anderen merkwürdigen Anteilen. Dann gibt es da noch das schwere, klebrige, glatte Fruchtfleisch, das sonst nichts weiter hat, aber zur Köstlichkeit beiträgt [...] Je mehr man davon isst, desto weniger ist man geneigt, aufzuhören. Der Verzehr einer Durian ist in der Tat eine Sensation, für die sich eine Reise in den Fernen Osten lohnt."

Upasbaum

Antiaris toxicaria

Vom Mittelalter bis ins 19. Jahrhundert hinein kehrten viele Europäer mit dem gleichen erschütternden Bericht aus Südostasien zurück: Dort gebe es einen so widerlich giftigen Baum, dass es schon gefährlich sei, ihn bloß anzusehen. Vögel, die sich auf seine Ästen setzten, fielen tot um, und die leiseste Berührung töte auch Menschen. Die Boulevardpresse und bekannte Autoren wie Dickens und Puschkin machten den Upasbaum schließlich zum Inbegriff des Bösen und Bedrohlichen.

Im tropischen Regenwald fühlt der Upasbaum sich am wohlsten. Er ist ein prachtvoller, großer Laubbaum, dessen von Brettwurzeln getragener Stamm gerade und glatt ist. Wie bei vielen Regenwaldbäumen zeigen sich bis zum Kronenansatz keine Zweige – schließlich hat es keinen Sinn, dort Blätter zu entwickeln, wo kein Licht ist. Im Hinblick auf den schlechten Ruf, den dieser Baum hat, ist eines jedoch überraschend: Vögel, Fledermäuse und Säugetiere fressen seine Früchte und breiten seine Samen aus. Mittlerweile wissen wir auch, dass die Einheimischen den Bast des Baumes schon seit jeher zur Kleiderherstellung verwenden. Das klingt wohl kaum nach der heimtückischsten Pflanze der Welt.

Doch in der Legende vom Upasbaum steckt ein Körnchen Wahrheit. In Malaysia sowie in Indonesien bedeutet *upas* „Gift", und der Milchsaft (Latex) des Baumes enthält tatsächlich tödliche Glykoside. Wenn diese Substanzen in den Blutkreislauf gelangen, wirken sie schnell auf den Herzmuskel, senken die Herzschlagfrequenz und lassen das Herz schließlich stillstehen. Gesammelt, zu einer dickflüssigen Paste erhitzt und auf Blasrohrpfeile aufgetragen, wird der Latex von den Eingeborenen genutzt, um Beutetiere zu erlegen. In der Vergangenheit war das Pfeilgift auch eine Waffe gegen menschliche Eindringlinge, die in Indonesien hauptsächlich Niederländer waren.

Verständlicherweise wollten die Einheimischen nicht, dass die europäischen Kolonisten erfuhren, wo das Gift herkam. So erfanden die Stämme die Upas-Legende – oder gossen zumindest Öl ins Feuer: Sie behaupteten, dass besondere Vorsicht vonnöten sei, um sich dem Baum zu nähern, z.B. müsse man den Wind im Rücken haben, damit das Gift von einem weggeweht werde. Nun waren die absurden Geschichten über den Upasbaum genau die Sensationen, die Asienreisende für ihr Publikum zu Hause brauchten. Noch glaubwürdiger wurden die Storys dadurch, dass sie von Gelehrten wiederholt wurden, und so blieben die wahren Zusammenhänge über das Gift des Upasbaumes 400 Jahre lang verborgen. Gute Agitatoren wissen eben, dass wir ein riesiges Bedürfnis haben, das Unglaubliche zu glauben.

BORNEO

Guttaperchabaum

Palaquium gutta

In der zweiten Hälfte des 19. Jahrhunderts veränderte der Guttaperchabaum die Welt, und sein merkwürdiger Name war in aller Munde. Ursprünglich stammt der Baum aus Sumatra, Borneo und von der malaiischen Halbinsel. Es handelt es sich um eine weitere Art aus dem Regenwald, die hoch aufschießt, dem Licht entgegen, und bei der typischerweise nur wenige Äste unterhalb der Krone vom Stamm abgehen. Die großen, eiförmigen Früchte dienen Eichhörnchen und Fledermäusen als Nahrung. Die Blätter – glatt und grün auf der Oberseite, filzig behaart und goldbraun auf der Unterseite – stehen an den Zweigspitzen dicht beieinander.

Der Name „Guttapercha“ leitet sich von dem malaiischen Begriff für den gräulich-weißen Milchsaft (Latex) ab, den der Baum abgibt, um Insekten unschädlich zu machen und seine Wunden zu verschließen. In der Sonne und an der Luft gerinnt der Saft zu einer stabilen, wasserfesten rosa Masse. Anders als andere Latexsorten wird Guttapercha durchs Trocknen hart, aber nicht spröde; es lässt sich nicht kauen wie Chicle und ist nicht so elastisch wie Kautschuk. Bei 65 bis 70 °C wird es weich und kann geknetet werden; die Form behält es nach dem Abkühlen bei.

Die Einheimischen verwenden den getrockneten Latex seit jeher zur Herstellung von Werkzeugen und Machetengriffen. Das war auch 1843 schon der Fall, als ein britischer Chirurg Guttapercha-Proben mit der Frage nach London schickte, ob man diesen interessanten Rohstoff nicht auch anderweitig nutzen könnte. Schnell avancierte das Material zum Wunderwerkstoff. Neue Spezialfirmen vermarkteten Guttapercha in Form von unzerbrechlichem Geschirr, Schachfiguren, Rohrpoströhren und trendigen Spazierstockgriffen.

Bis Mitte des 19. Jahrhunderts wurden gute Golfbälle noch mühselig aus Leder und Federn genäht. Modelle aus Guttapercha (engl. *gutties*) konnten dagegen industriell hergestellt werden und waren wesentlich billiger. So wurde der Golfsport immer beliebter. Die Ära der *gutties* währte 50 Jahre, bis mithilfe von Gummifäden ein noch besserer Ball entwickelt wurde. Doch ernsthaftere Aufgaben warteten schon auf den Naturlatex. Der Fernschreiber, ein Gerät zur Übermittlung von Textnachrichten durch elektrische Signale, war vor Kurzem erfunden worden. Nur machten die Ozeane der internationalen Kommunikation lange einen Strich durch die Rechnung – Strom und Wasser ist einfach keine gute Kombination. Auftritt Guttapercha: Wie sich herausstellte, ist es meerwasserbeständig und isoliert hervorragend. Der in London arbeitende Deutsche Werner von Siemens – Gründer der Stammfirma des heutigen Siemens-Konzerns – erfand ein Verfahren, Kupferdrähte nahtlos mit Guttapercha zu umhüllen. Unternehmer und Kapitalbesitzer erkannten, welche Chancen darin lagen, und so begann der Kabel-Wettlauf. Nach längerem Herumexperimentieren und einigen Tollkühnheiten auf hoher See wurden zuverlässig isolierte Leitungen schließlich Standard. Im Jahr 1876 war das ganze britische Königreich von London bis Neuseeland „verkabelt“, und Ende des 19. Jahrhunderts waren über 400.000 km interkontinentale Telegrafenkabel verlegt, Vermittler eines Stimmengewirrs aus Wirtschaft, Politik und Journalismus.

Für die Guttaperchabäume war die Entwicklung nicht gut. Anstatt den Milchsaft langsam abzuzapfen, wie es traditionell gemacht wurde, holzte man für eine schnelle Latexausbeute ganze Bäume ab, wobei jeder Baum nur ein paar magere Pfund einbrachte. Millionen Bäume wurden gefällt, damit die immense Nachfrage nach Kabelisolierungen befriedigt werden konnte. Schließlich rodete man Mischwälder und legte Plantagen an. Dennoch wurde in Geschäftskreisen befürchtet, dass der strategisch wichtige, langsam nachwachsende Rohstoff bald erschöpft sein könnte. Neue Vorschriften sorgten dafür, dass keine ganzen Baumstämme mehr verwendet werden durften. Latex wurde nur noch aus Blättern extrahiert, die zerkleinert in heißes Wasser getaucht wurden. So blieb Guttapercha einige Zeit *das* Isoliermaterial für das internationale Kommunikationswesen. Erst nach 1933, als sich die industrielle Synthese von Polyethylen durchsetzte, wurde es allmählich ersetzt. Die riesigen Plantagen sind inzwischen verschwunden. Heute kommt Guttapercha hauptsächlich noch in der Zahnmedizin zum Einsatz, wo es als Füllmaterial bei Wurzelkanalbehandlungen dient – ziemlich ernüchternd, wenn man bedenkt, dass dieses Baumprodukt früher einmal den ganzen Erdball umspannt hat.

Während Guttapercha für Zahnbehandlungen benutzt wird, entsteht aus dem Latex des Breiapfelbaums (S. 189) ein Produkt, das ebenfalls oral angewandt wird, aber mehr Spaß macht.

WESTAUSTRALIEN

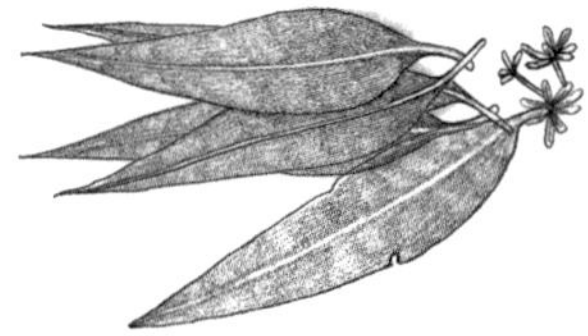

Jarrah

Eucalyptus marginata

Der Name dieses Baumes ist typisch australisch: „Jarrah" ist ein anglisiertes Wort für die Bezeichnung, die die Noongar-Aborigines im Südwesten des Kontinents für bestimmte Eukalyptusarten verwenden. Im vorkolonialen Australien bedeckten Jarrahwälder in den Darling Ranges noch weite Teile des unfruchtbaren Gebirgsbodens. Der Jarrah ist ein majestätischer Baum, gut und gerne 40 m hoch und 2 m dick, mit rauer, graubrauner Borke. Herrlich duftende weiße Blütenbüschel locken die Bienen an, die aus seinem Nektar Honig mit malzigem Karamellgeschmack machen. Der Jarrah ist das Herzstück eines Ökosystems, das zahlreiche niedliche Beuteltiere mit lustigen Namen beherbergt: Numbats, Kaninchenkängurus, Beutelmarder und Kurznasenbeutler.

Jarrahs sind langlebig: Wenn man sie wachsen lässt, werden sie 500, ja sogar 1.000 Jahre alt. Britische Siedler erkannten rasch den Wert des rotbraunen Jarrah-Holzes, das sehr hart, schädlingsresistent und witterungsbeständig ist. Schon bald wurde das Holz im Schiffsbau und für Stützpfeiler in Häfen verwendet. Als im 19. Jahrhundert Massen von Sträflingen nach Australien kamen, wurde Jarrah-Holz dank der Flut billiger Arbeitskräfte in alle Teile des britischen Empires geschafft, um dessen unersättlichen Bedarf an haltbaren Bahnschwellen, Telegrafenmasten, Anlegeplätzen (und Teepavillons) zu decken. Neuartige dampfbetriebene Sägemühlen und Eisenbahnlinien stützten die Holzindustrie.

Am anderen Ende der Welt suchten die Londoner nach einem Material, mit dem sie die Straßen pflastern konnten. Seit den 1880er Jahren gab es hektischen Kutschverkehr. Die Hauptstraßen waren großenteils mit Steinen gepflastert, die jedoch teuer waren und bei dem häufigen Regen glitschig wurden, sodass die Pferde darauf ausrutschten. Geeigneten Asphalt gab es noch nicht. Holz hatte gegenüber Stein den Vorzug, dass es weniger Lärm machte, leichter zu reinigen und für Pferdehufe schonender war. Weiche Kiefernholzbohlen aus dem Baltikum nutzten sich aber rasch ab, verrotteten und sogen Pferdeurin sowie Mist auf. Wenn schwere Kutschenräder Druck auf den Untergrund ausübten, bespritzte der Dreck auch noch Passanten.

Als Jarrah-Holz 1886 bei der Indian and Colonial Exhibition in London ausgestellt und als langlebiges Pflastermaterial angepriesen wurde, erregte es sofort großes Interesse. Tatsächlich erwies sich das Material als außerordentlich robust. Nur 0,3 cm pro Jahr gingen auf viel befahrenen Straßen durch Abrieb verloren. Das alterungsbeständige und undurchlässige Holz fand bei Mensch und Tier Anklang. So kam es, dass 1897 rund 30 km der belebtesten Londoner Straßen trotz der hohen Verschiffungskosten und der großen Entfernung vom Ursprungsland mit australischem Jarrah-Holz gepflastert waren – mit Millionen und Abermillionen meist auf Beton ruhenden Bohlen. In Australien brachte die immense Nachfrage eine Vielzahl konkurrierender und unkontrolliert wirtschaftender Holzbetriebe hervor. Um Aufträge zu ergattern, senkten sie immer wieder die Preise, bis um 1900 herum australischer Jarrah in England schließlich billiger verkauft wurde als minderwertigere Hölzer aus dem viel näheren Schweden. Das Jarrah-Geschäft war einträglich, aber überhaupt nicht nachhaltig: Einem derart rücksichtslosen Raubbau konnten die Wälder nicht standhalten. Trotz des raschen Waldschwunds wurden aber erst am Ende des Ersten Weltkriegs Gesetze erlassen, die für einen schonenderen Umgang mit den verbliebenen Beständen sorgen sollten. Im Straßenbau wurde das Holz bald durch Asphalt ersetzt, doch die Nachfrage nach Jarrah-Holz als Baumaterial hielt unvermindert an.

Abgesehen von wenigen spektakulären Schutzzonen sind die meisten Jarrah-Wälder inzwischen verschwunden, weil die Bäume zwecks Holznutzung gefällt wurden oder Landwirtschaft und Bergbau weichen mussten. Die Restbestände leiden unter dem Klimawandel und seinen Folgen. So verursacht der pilzähnliche Organismus *Phytophthora cinnamomi* zunehmend Wurzelfäule, und im Sommer treten gehäuft Dürren auf. Zudem stehen die zügellose Verwertung des Jarrah und der Raubbau an seinem fragilen Ökosystem im Zusammenhang mit dem Niedergang der Noongar-Kultur. Kurz: Die Jarrahs, die es heute noch gibt, sind in Gefahr. Der wichtigste Grund dafür ist die globale Erwärmung, zu der wir alle beitragen – und die uns alle bedroht.

Wollemikiefer

Wollemia nobilis

Diese vermeintlich seit Jahrmillionen ausgestorbene „Kiefer" ist einer der faszinierendsten botanischen Funde aller Zeiten. Fossilien von dieser Baumart sind schon lange bekannt. Aus der Beschaffenheit der Gesteinsschichten schlossen die Forscher, dass es die Wollemikiefer bis zum Zeitalter der Dinosaurier vor 65 Millionen Jahren gegeben haben muss. Der Baum war zweifellos ein Nadelbaum, ähnelte aber keiner lebenden Art – dachte man jedenfalls. Bis 1994 ein Angestellter des Wollemi National Park (in den Blue Mountains etwa 150 km nordwestlich von Sydney gelegen) bei Erkundungsgängen in einem abgelegenen Regenwald-Canyon eine seltsame Pflanze entdeckte. Der Vergleich mit den bekannten Fossilien ergab, dass es sich um dieselbe Art handelte, bis hin zum Pollen. Passend dazu bezieht sich „Wollemi", der Name des Parks – und des außergewöhnlichen Baumes –, auf einen Aborigines-Begriff für die Gegend, der so viel bedeutet wie „Sieh dich um!".

Das größte Wollemi-Exemplar des australischen Nationalparks ist stattliche 40 m hoch, hat einen 1,2 m dicken Stamm und ist möglicherweise 1.000 Jahre alt. Allerdings handelt es sich nicht um eine Kiefer, sondern um ein Araukariengewächs. Der Stamm setzt sich aus mehreren Sprossachsen aus unterschiedlichen Wachstumsphasen zusammen, und die Rinde ist mit weichen, schwammigen Knollen besetzt, die an Schokoladen-Popcorn erinnern. Die jungen, nadelförmigen Blätter sind blass und struppig, was das Ganze ein bisschen so aussehen lässt, als winde sich eine andere Kletterpflanze um den Baum herum. Die älteren Nadeln, farnähnlich dicht an den Zweigen angeordnet, sind deutlich schmaler und dunkler. Selbst bei alten Bäumen verzweigen *Wollemia*-Äste nur selten, sodass sie von oben betrachtet strahlenförmig vom Stamm abgehen. Wenn der Baum im Winter ruht, umgeben weiße, wachsartige Harzkappen die Knospen bis zum Frühjahr. Zapfen wachsen nur an den Zweigenden; die weiblichen sitzen oben am Baum und wirken wie zottelige Puschel, die männlichen hängen weiter unten herab. *Wollemia nobilis* wirft keine einzelnen Nadeln ab. Stattdessen fallen ganze Äste herab, wenn sie zu alt werden.

Die Entdeckung des Urzeitbaumes machte weltweit Schlagzeilen. Um Pflanzendiebe abzuschrecken und das Überleben der Art auch für den Fall einer Naturkatastrophe zu sichern, überwacht die australische Regierung die Zucht der Wollemikiefern. Schösslinge sind bei Gärtnern und Sammlern weltweit begehrt. In botanischen Gärten werden sie z.T. in „Freiluftkäfigen" präsentiert, um ihre Besonderheit zu betonen, denn in freier Natur gibt es nicht einmal mehr 100 Bäume.

Schon ihre winzige, auf einen einzigen Standort beschränkte Population macht *Wollemia nobilis* verwundbar. Zudem haben DNA-Analysen ergeben, dass sämtliche bekannte Bäume vom Erbgut her identisch sind. Unklar ist, ob sie alle Klone eines einzigen Exemplars sind (das sich unterirdisch mittels Wurzelsprossen ausgebreitet hat), ob die Art allgemein über keine genetische Vielfalt verfügt oder ob es früher einmal noch weniger Exemplare gab, die es geschafft haben, sich trotz begrenzter genetischer Möglichkeiten tapfer zu vermehren. Wie auch immer: Diese Bäume sind insofern enorm anfällig für Schädlinge, als ein Erreger, der einen Baum befällt, leicht allen zusetzen kann.

Zur Vermeidung von Infektionen wird der genaue Standort der Wollemikiefern vor der Öffentlichkeit geheim gehalten. Für manche Leute scheint gerade das aber ein Anreiz zu sein. Touristen könnten an ihren Schuhen Stämme des Wurzelfäule-Erregers *Phytophthora* (griech. = „die Pflanzenvernichtende") eingeschleppt haben, der einige Exemplare bereits befallen hat. So geht ein lebendes Fossil, das 17 Eiszeiten und unzählige Buschfeuer überstanden hat, in der Wildnis möglicherweise an einer Krankheit zugrunde, die Menschen ohne Not verbreitet haben.

Die Chilenische Araukarie (S. 170) ist eng verwandt mit der Wollemikiefer.

Ganiterbaum

Elaeocarpus angustifolius

Dieser immergrüne Baum aus der Gattung der Ganiterbäume ist groß, schnellwüchsig und zeichnet sich durch ausgeprägte Brettwurzeln aus. In Ostaustralien ist die Art von Queensland bis New South Wales verbreitet, bevorzugt in Regenwäldern und an Flussufern. Ihre tiefgrünen, länglichen Blätter mit gezähnten Blatträndern wachsen an der Krone überwiegend außen und färben sich mit der Zeit rot, wobei nur selten ganze Äste rote Blätter tragen. Von den Zweigen hängen Rispen mit duftenden Blütenglöckchen herab, die Fransen haben und dadurch wie weiße Röckchen aussehen.

Bemerkenswert sind die Früchte der Art *Elaeocarpus angustifolius*: kugelrund, murmelgroß und leuchtend blau. Im Gegensatz zu den wenigen anderen blauen Früchten der Welt, die Farbstoffe (Anthocyane) enthalten, fehlt es diesen Steinfrüchten an jeglichem Pigment. Sie verdanken ihre Farbe einer Oberflächenstruktur, die blaues Licht reflektiert – ein Phänomen, das man von Pfauenfedern oder Schmetterlingsflügeln kennt, von Pflanzen aber kaum. Strukturell erzeugte Farbe beruht auf einer speziellen Zellstruktur, einem Netz von feinsten Strängen unter der Fruchtschale. Diese Struktur sorgt dafür, dass von der Oberfläche nur Lichtanteile einer bestimmten Wellenlänge, also einer bestimmten Farbe, reflektiert werden, und zwar ununterbrochen, mit einer Präzision von wenigen Millionstelmillimetern. Die strukturelle blaue Farbe hat für die Samen den Vorteil, dass sie auf dem Waldboden auch dann noch intensiv blau leuchten, wenn sie schon älter sind. Anders als bei den meisten anderen Früchten kann Licht bei ihnen zudem durch die Außenhaut in eine darunterliegende Schicht dringen. Diese Schicht betreibt Fotosynthese, was wiederum das Wachstum der Frucht befördert.

Die blauen Früchte sind ein wichtiger Nahrungsbestandteil vieler australischer Waldbewohner (darunter Kasuare, Fruchttauben und Brillenflughunde), die Blau von anderen Farben unterscheiden können. Sie fressen das Fruchtfleisch und breiten den seltsam schrumpeligen Stein aus, ohne die eigentlichen Samen im Inneren zu beschädigen. Jeder Stein enthält meist ein paar Samen. Da die Schale aussieht wie kunstvoll geschnitzt, werden die Steine von Buddhisten wie Hindus gern als Gebetsperlen oder für Schmuck verwendet. Im überreifen Zustand sind die Früchte des Ganiterbaums essbar und schmecken auch recht gut – wenn man nicht instinktiv davor zurückschreckt, sich etwas leuchtend Blaues in den Mund zu stecken.

Sève bleue

Pycnandra acuminata

Neukaledonien, das auf halbem Wege zwischen Australien und Fidschi liegt und zu Frankreich gehört, besteht nicht nur aus wogenden Palmen und Korallenriffen. Durch eine Laune der Natur birgt die etwa 400 km lange und 60 km breite Hauptinsel Grande Terre ein Fünftel der bekannten Nickelvorkommen. Rund ein Zehntel des weltweiten Bedarfs an diesem Metall, das überwiegend zur Herstellung von Edelstahl gebraucht wird, deckt der dortige Tagebau.

Die Sève bleue hat sich bestmöglich an ein Leben in nährstoffarmem Boden mit außergewöhnlich hohem Nickelgehalt angepasst. Sie wird bis zu 15 m hoch und hat kleine weiße Blüten. So weit, so gut. Schneidet man jedoch den Stamm an, tritt aus dessen Innenrinde ein grell blaugrüner Latex aus, und ritzt man einen Zweig, zeigen sich glitzernde türkisfarbene Kügelchen. Im Französischen bedeutet *sève bleue* „blauer Saft“: Nickel macht 11% des Gewichtes des klebrigen Saftes bzw. mehr als 25% seines Trockengewichtes aus – das ist ein höherer Nickelanteil als in jedem anderen Lebewesen. Ein ausgewachsener Baum kann auf diese Weise mehr als 35 kg Nickel enthalten.

Die Sève bleue bindet das giftige Metall durch eine komplexe chemische Verbindung mit Zitronensäure und schließt diese dann in Latex ein, sodass die lebenswichtigen Vorgänge in den Zellen davon unberührt bleiben. Andere Pflanzen in der Umgebung ersparen sich diese Prozedur, indem sie der Erde das vorhandene Nickel gar nicht erst entziehen. Der Nutzen für die Sève bleue liegt aber anscheinend darin, dass sie Nickel als Gift zur Vertreibung von Insekten einsetzt, die den Baum sonst schädigen würden. Auch wenn dies ein extremes Beispiel für die Anreicherung mit Metallen (Hyperakkumulation) ist – es existieren noch viele andere Pflanzen, die auf metallhaltigen Böden gedeihen. Man setzt sie bei der sogenannten Phytoremediation gezielt zur Sanierung kontaminierter Böden ein.

Eine enge Verbindung mit einem anderen Metall weist die Echte Zypresse auf. (S. 71)

Neuseeländische Kaurifichte

Agathis australis

Die riesige Kaurifichte spielt in Neuseeland eine ebenso bedeutende Rolle wie der Küstenmammutbaum (s. S. 207) an der Nordwestküste Nordamerikas. Der prachtvolle Baum ist im nördlichen Teil der neuseeländischen Nordinsel heimisch; er erreicht eine Höhe von bis zu 45 m und wird 500 bis 800 Jahre alt. Bis zu 5 m lange, kräftige „Klammerwurzeln" zweigen von den Seitenwurzeln Richtung Boden ab und stabilisieren den Baum bei Sturm wie ein starker Anker. Die Kaurifichte ist auch deswegen so imposant, weil ihr glatter, grauer Stamm oft erstaunlich gerade ist – zylindrisch, ohne merkliche Verjüngung – und die Äste erst weit oben ansetzen. Der Stamm hat oft einen Durchmesser von 5 m. Wenn eine Schmarotzerpflanze sich an ihrem Stamm ansiedelt, wirft sie die betreffenden Rindenstücke ab und damit auch den ungebetenen Gast. In ihrer Krone beherbergt sie dagegen ein ganzes Ökosystem mit Orchideen, Farnen und sogar anderen Bäumen.

Die Kaurifichte hat noch einen wirkungsvollen Verteidigungsmechanismus ausgebildet: ihr Harz. Es hat nicht nur keim- und pilztötende Eigenschaften, sondern stellt auch ein physisches Hindernis dar, indem es Wunden bedeckt oder Insekten ertränkt und einschließt. Der Kauribaum produziert eine Menge Harz. Hier und da tritt es aus Rissen in der Rinde aus und sammelt sich in den Astgabeln. Früher (in der Zeit vor 30.000 bis 50.000 Jahren) hat es immer wieder riesige Kauriwälder gegeben. Das Harz der Bäume fiel zu Boden, gelangte ins Erdreich, versteinerte und sammelte sich in bis zu 10 m tiefen Schichten unter der Erde.

Die Maori, die Neuseeland wahrscheinlich im 13. Jahrhundert von Polynesien her besiedelten, verwendeten das Kauriharz zum Feueranzünden, als Medizin und als eine Art Kaugummi bei gemeinschaftlichen Ritualen. Außerdem gewannen sie daraus mittels Verbrennung ein Pulver, das mit Tierfett vermengt ein grün-bläulich-schwarzes Pigment zum Tätowieren ergab. So eine Tätowierung war eine schmerzhafte Prozedur, bei der die Farbpigmente in Risswunden gegeben wurden, die man dem Betreffenden mit Werkzeugen aus Tierknochen beigebracht hatte.

Pākehā (maorisch für europäische Siedler) kamen in den 1840er Jahren massenhaft nach Neuseeland. Sie nutzten das Holz zum Brücken- und Schiffsbau, hatten aber (abgesehen von Feueranzündern und Schnitzarbeiten) zunächst keine Ahnung, welchen Profit sie aus dem umherliegenden Harz schlagen könnten. Also schickten sie Proben in die USA und nach London. Dort fand man heraus, dass Kauriharz sich leicht in Öl löst und in dieser Form einen robusten Schutzanstrich abgibt, etwa für Bootsdecks und Eisenbahnwagen. Plötzlich war das Harz ein begehrtes Gut.

Das offen herumliegende Harz war bald aufgesammelt und verkauft, aber unter der Erde und in Sümpfen lagerten ja noch große Vorkommen. So kam es, ähnlich wie beim kalifornischen Goldrausch, zu einem gigantischen Zustrom von Harzsuchern, die fälschlich *gum diggers* genannt wurden (Gummi ist im Gegensatz zu Harz wasserlöslich). Diese Schatzsucher brauchten keine teure Ausrüstung. Es genügte, einen gespitzten Stab aus gehärtetem Stahl in den Boden zu hämmern. Am Klang des vibrierenden Stabes konnte man erkennen, wo Harz lag – kleine Klumpen oder auch riesige Brocken, für deren Bergung man drei Männer brauchte. 50 Jahre lang war Kauri-„Gummi" Neuseelands Exportgut Nummer eins, wichtiger als Wolle, Gold und Holz. Der Höhepunkt war die Zeit von den 1890er Jahren bis zum Ersten Weltkrieg, in der Tausende von Harzsuchern 150.000 t Harz im heutigen Wert von beinahe einer Milliarde Pfund zutage förderten. Als Bedingung für die Erteilung von Harzgraber-Lizenzen verlangte die britische Regierung oft, dass das Land gerodet und entwässert wurde; die entsprechenden Einnahmen und Exportsteuern flossen dann in die neuseeländische Infrastruktur: Schulen, Straßen und Krankenhäuser.

Als die fossilen Harzbestände erschöpft waren, fingen die Menschen an, die Bäume anzuzapfen. Das geschah – so unwahrscheinlich es klingen mag –, indem Arbeiter mit Spikes und Haken die Stämme hochkletterten und die Rinde mit Äxten anschnitten. Sechs Monate später sammelten sie das Harz an den Wunden ein und setzten neue Schnitte. Aus Gier übertrieben es viele, sodass zahlreiche Bäume der Ausbeutung zum Opfer fielen.

1910 kam das Harzgeschäft dann erneut in Schwung, als man Leinöl, Korkpartikel und minderwertige Harzspäne vermengte, auf ein Gewebe aufbrachte und so ein festes, pflegeleichtes und haltbares Material erhielt: Linoleum. Der Markt für Kauriharz brach erst ein, als Lack- und Linoleumhersteller unmittelbar nach dem Zweiten Weltkrieg synthetische Ersatzstoffe entwickelten. Und heute? Angesichts der Weiden und Obstplantagen auf der Nordinsel kann man kaum glauben, dass vor 120 Jahren die Harzgräberei der Haupterwerbszweig Neuseelands war – und noch weniger, dass vor der Ankunft der Maori und der *Pākehā* einmal 15.500 km^2 der Insel mit Kauriwäldern bedeckt waren.

Eine massive Ausbeutung gab es auch beim Kautschuk (S. 136).

Papier-Maulbeere

Broussonetia papyrifera

Die Papier-Maulbeere gelangte im Zuge von Migrationsbewegungen in Richtung Polynesien in mehreren Etappen nach Tonga. Auf den Pazifikinseln fällt man die Maulbeerbäume meist nach einem guten Jahr rasanten Wachstums, wenn sie 3 bis 4 m hoch sind. Ansonsten können sie in der feuchten vulkanischen Erde leicht 20 m hoch werden. Begehrt ist der Bast ihrer Innenrinde, der den Bäumen zur Weiterleitung von Zucker und anderen in Wasser gelösten Nährstoffen dient. Aus langen Zellsträngen aufgebaut, die von Pektin und einer Art Gummi zusammengehalten werden, ist das Bastgewebe der Papier-Maulbeere besonders stark. Die Polynesier verwenden es zur Herstellung von Rindenbaststoff (*tapa*) – in Tonga wird der Baum speziell deswegen angebaut. In Japan stellt man aus den Bastfasern Japanpapier (*washi*) her, ein durchscheinendes, widerstandsfähiges Papier, das traditionell im Kunsthandwerk benutzt wird. Das erste Papier überhaupt wurde um 100 n. Chr. in China daraus gemacht.

Um *tapa* zu machen, schält man zunächst vorsichtig etwa 2 m lange und eine Hand breite Rindenstreifen vom Baum ab, wässert sie und klopft sie breit. Wenn die Oberfläche sich nahezu verdreifacht hat, legt man die Bahnen aufeinander, verfilzt die Fasern mittels Hammerschlägen und hilft mit etwas Tapiokastärke nach, damit sie gut genug verkleben: Das rhythmische „Tonk-Tonk" von Holzhämmern ist in Tongas Dörfern ein vertrautes Geräusch. So entstehen beigefarbene Quadrate, die zusammengefügt, geprägt, eingefärbt und schließlich mit traditionellen geometrischen Motiven bemalt oder bedruckt werden. Kunstvoll stilisierte Fische und Pflanzen sind ebenfalls typische Designs; Muster wie diese schmücken Wandbehänge, die in einem öffentlichen Gebäude schon einmal 3 m hoch und 30 m breit sein können.

In Tonga heißen die fertigen Stücke *ngatu*. Sie sind kostbare Geschenke, die zur Hochzeit oder bei Beerdigungen überreicht werden. Auch als Raumteiler wird der Baststoff benutzt. Ursprünglich bestanden in der Südsee viele Kleidungsstücke aus *tapa* – z. T. wasserabweisend mit Öl oder Harz beschichtet –, und noch heute ist die traditionelle Hochzeitskleidung aus diesem Stoff gearbeitet.

Die *tapa*-Arbeiten sind für die Menschen auf den Südseeinseln eine willkommene Einkommensquelle. Ihr größter Wert liegt aber vielleicht darin, dass sie in Gemeinschaftsarbeit entstehen: Traditionsbewusste Polynesier beteuern, dass das Verfilzen und Hämmern des Bastes alle Beteiligten zusammenschweißt. Das erklärt möglicherweise auch, warum dieses alte Handwerk momentan auf Hawaii und (vermittelt durch Auswanderer aus Tonga und Fidschi) in Neuseeland wieder auflebt.

HAWAII

Koa-Akazie

Acacia koa

Die hawaiianischen Inseln, ein US-Bundesstaat, sind vulkanischen Ursprungs und liegen mehr als 3.200 km von der nächsten großen Landmasse entfernt im Pazifik. Hawaii ist die natürliche Heimat der Koa-Akazie, die sich in mehr als einer Million Jahren vermutlich aus australischen Vorfahren entwickelt hat. Als junger Baum kann diese Akazienart innerhalb von fünf Jahren 10 m hoch werden. Manche ausgewachsenen Exemplare sehen aus wie mickrige Sträucher, andere wiederum wie knorrige Riesen, mit breiter Krone und feingliedrigem Astwerk. Diese Bäume spielen eine Schlüsselrolle im Ökosystem: Sie beherbergen und ernähren Vögel wie Insekten, auf der rauen, schuppigen Borke siedeln sich gern leuchtend rote Flechten an, und in speziellen Wurzelknöllchen leben Bakterien, die Stickstoff binden, den Baum dadurch auch in karger Erde gedeihen lassen und mit Dünger versorgen. Auffallend sind die Blätter der Koa-Akazie. Junge Bäume haben hübsche silbergrüne Fiederblätter, die später von sichelförmig verbreiterten Blattstielen (Phyllodien) von der Länge einer Männerhand abgelöst werden. Der Wechsel der Blattform scheint dem Baum dabei zu helfen, aus schattigen Bereichen in die volle Sonne emporzuwachsen.

16.000 km weit weg, auf der Insel Réunion im Indischen Ozean, wächst eine Art, die verblüffende Ähnlichkeit mit der Koa-Akazie hat: *Acacia heterophylla*. Genanalysen lassen vermuten, dass hinter dem Geheimnis dieser nach heutigem Wissensstand am weitesten voneinander entfernten Verwandten die Ausbreitung eines einzelnen Samens steckt. Aus cremefarbenen Blütenrispen entwickeln sich bei der Koa-Akazie braune, bohnenförmige Samen in handgroßen Hülsen. Da die Hülsenfrüchte im Meer verderben, wird angenommen, dass vor rund 1,4 Millionen Jahren ein Samen im Magen eines Vogels oder an dessen Krallen von Hawaii nach Réunion gelangt ist.

Bevor Menschen auf Hawaii landeten, gab es dort außer wenigen Fledermäusen keine Landsäugetiere. Das ist der Grund, warum die Koa-Akazie (wie die meisten anderen hawaiianischen Pflanzen) weder Dornen noch Gifte oder andere „chemische Waffen“ ausbilden musste. Dem heute zahlreich vorhandenen Vieh, das gern ihre Sämlinge frisst und auf ihren flachen Wurzeln herumtrampelt, hat sie nichts entgegenzusetzen. Inzwischen hat man die Gefahr erkannt, die Bäume werden geschützt, und die Bestände erholen sich wieder. Die Koa-Akazie liefert eines der teuersten Hölzer der Welt, aus dem traditionell Möbel und Ukulelen gefertigt werden. In poliertem Zustand hat Koa einen rötlichen Glanz wie Mahagoni und einen Katzenaugeneffekt wie der Schmuckstein „Tigerauge“.

Seinen Ehrenplatz in der hawaiianischen Kultur verdankt der Baum seiner Verwendung für das Auslegerkanu *wa'a peleleu*. Dieses robuste, 30 m lange und 2 bis 3 m tiefe, ozeangängige Fahrzeug, dessen Ausleger verhindert, dass es bei rauer See umschlägt, war einst das wichtigste Verkehrsmittel zwischen den Inseln. Den Kanurumpf bildete ein großer Koa-Stamm: Er war hart und widerstandsfähig genug, um viele Reisen zu überstehen, sodass sich der enorme Fertigungsaufwand rentierte. Manche Kanus hatten auch je zwei Rümpfe und Segel.

Leisten konnten sich diese Großkanus nur Adlige. Die Zimmerleute, deren Familien über Generationen hinweg ein Herstellungsmonopol besaßen, wurden hervorragend entlohnt und erhielten für sich und ihre Familien zudem Lebensmittel. Wenn nicht schon vor Arbeitsbeginn Taro, Brotfruchtbäume, Kokosnusspalmen und Süßkartoffeln für sie gepflanzt und Geschenke gemacht worden waren, fingen sie gar nicht erst an zu arbeiten. Der Kanubau hatte aber auch eine spirituelle Seite. Jeder Arbeitsschritt war rituell bedeutsam und wurde von einem speziellen Priester beaufsichtigt, dem *kahuna kalaiwa'a*. Er half dabei, im Wald einen geeigneten Baum auszuwählen, und während dieser mit einer steinernen Axt mühsam gefällt und behauen wurde, wachte er darüber, dass sich kein schlechtes Omen zeigte. In der Produktionsphase gab es ein *kapu*, ein religiöses Verbot (daher kommt, über das tongaische Wort *tapu*, unser Begriff „Tabu"). Das *kapu* verwehrte Nichteingeweihten den Zutritt und regelte, welche Nahrungsmittel die Arbeitenden wann essen durften. Das fertige Kanu wurde mit einer lackähnlichen Mischung aus Pflanzenextrakten und Öl behandelt. Dann ließen der Priester und der adlige Besitzer das Boot bei einem Festmahl aus Schwein, Fisch und Kokosnüssen zu Wasser – ein Ritual, das sich nicht allzu sehr von der modernen Sitte unterscheidet, einen Prominenten mit den Worten: „Ich taufe dieses Schiff auf den Namen …" eine Champagnerflasche gegen den Bug eines neuen Schiffes schmettern zu lassen.

Stickstoff bindende Bakterien beherbergt auch die Schwarz-Erle (S. 59) in ihren Wurzelknollen.

CHILE

Chilenische Araukarie

Araucaria araucana

Die harten, am Ende zugespitzten Blätter der Araukarie mögen maßlos übertrieben wirken – man bedenke jedoch: Dies ist die Rüstung eines Urzeitbaums, der sich gegen pflanzenfressende Dinosaurier wehren musste. In der Kreidezeit wuchsen Verwandte dieses Baumes noch in der Region der heutigen Benelux-Länder, bis das Klima sich veränderte und sie von besser angepassten Arten verdrängt wurden. Heute ist die Araukarie der chilenische Nationalbaum.

Araucaria araucana ist ein hoher, immergrüner Nadelbaum, der aufgrund seiner Salzverträglichkeit an der Küste, vor allem aber in gemäßigten Höhenlagen der Anden vorkommt. In diesen Gebieten in Chile und Argentinien gibt es nicht nur zahlreiche Vulkane, sondern auch häufig Gewitter. Für den Fall, dass Blitze einschlagen oder Feuer ausbricht, haben Araukarien eine dicke Rinde ausgebildet – ein klarer Vorteil gegenüber jungen Emporkömmlingen.

Eine Araukarie kann um die 1.300 Jahre alt werden. Der ganze Baum hat eine reptilartige Anmutung. Quirlförmig gehen die Äste von einzelnen Punkten am Stamm ab, jeder gerade und biegsam wie ein Pfeifenreiniger. Die glänzend dunkelgrünen Blätter werden an den Zweigenden heller, sind außerordentlich scharfkantig und sitzen spiralförmig um den Ast herum, als wollten sie ihn vollständig bekleiden. Junge Bäume haben eine Pyramidenform. Ältere Exemplare werfen die unteren Zweige ab. Dann werden ungewöhnlich hohe, gerade Stämme mit einer mosaikartig gefurchten Borke und einer markanten schirmförmigen Krone sichtbar. Die Samen der nächsten Generationen sind in rostbraunen Zapfen enthalten. Erst kürzlich wurde das Rätsel ihrer Ausbreitung gelöst: Wissenschaftler hatten Hunderte von Samen mit winzigen Magneten versehen und konnten dadurch ihren Weg verfolgen. Sie stellten fest, dass Nagetiere von 15 bis 21 Uhr den größten Teil einsammelten und in ihren Bauten horteten; Vögel und Rinder erledigten die übrige Ausbreitung.

Der ortsübliche Name für diese Araukarienart ist *pehuén*. Traditionell sind die proteinreichen Araukariensamen, die *piñones*, ein wichtiger Bestandteil der Ernährung und Kultur der einheimischen Mapuche. Der Name einer indigenen Volksgruppe, der Pehuenche, leitet sich sogar direkt von dem des Baumes her. *Piñones* werden geröstet verzehrt oder gemahlen und mithilfe einer kältetoleranten Hefe in ein bierähnliches Getränk namens *muday* verwandelt. *Araucaria araucana* hat für die Mapuche eine spirituelle wie auch wirtschaftliche Bedeutung und steht im Mittelpunkt vieler lokaler Ernte- und Fruchtbarkeitszeremonien.

Um 1780 stießen spanische Forscher erstmals auf diese Art. Der Brite Archibald Menzies, Pflanzensammler und Arzt auf Kapitän Vancouvers Expeditionsschiff, führte den Baum 1795 in England ein. Dazu soll es gekommen sein, weil Menzies beim Gouverneur von Chile zum Essen eingeladen worden war, ein

Schälchen mit Samen bekam und sich ein paar davon in aller Ruhe in die Tasche steckte, um sie später einzupflanzen. Da ungeröstete Araukariensamen aber nicht allzu schmackhaft sind, hat Menzies vielleicht eher unterwegs einen Zapfen aufgesammelt und mit aufs Schiff genommen. So oder so: Die Samen keimten an Bord, und der Biologe kehrte mit mehreren gesunden Pflanzen nach Hause zurück. Einer dieser Bäume war fast 100 Jahre lang eine Attraktion in Kew Gardens.

Die englische Bezeichnung *monkey puzzle* für den Baum stammt aus der Zeit um 1850, als die Art in Europa noch sehr selten war. Ein Rechtsanwalt, der eine Araukarie in Cornwall gezeigt bekam, für die der Eigentümer 20 Guineen hingeblättert hatte, scherzte angeblich, dass es selbst einem Affen Kopfzerbrechen bereiten würde, auf diesen Baum zu kommen. Ein perfekter Werbeslogan für den exotischen Baum! In spätviktorianischer Zeit führte dann der Trend, auf eigenem Grund und Boden ganze Alleen mit *monkey puzzles* anzulegen, zu einer enormen Nachfrage, sodass massenhaft Araukariensamen verkauft wurden. Die Preise fielen, die Bäume wurden auch für Reihenhausbesitzer erschwinglich und sind heutzutage recht häufig.

In der Natur ist die Chilenische Araukarie dagegen gefährdet: Allzu oft muss sie landwirtschaftlichen Nutzflächen weichen. Dabei ist die Spezies in Chile eigentlich zum Naturdenkmal erklärt worden. Wahres Kopfzerbrechen bereitet also die Frage, wie wir einen Baum erhalten können, der die Dinosaurier überlebt hat, aber jetzt, da er mit uns um Lebensraum konkurrieren muss, vom Kahlschlag bedroht ist.

ARGENTINIEN

Palisander

Jacaranda mimosifolia

Der Palisander ist eines der schönsten Exportgüter Argentiniens: ein ausgesprochen eleganter Baum, der im subtropischen Norden des Landes die Straßen ziert. Schlanke Äste bilden bei ihm eine filigrane, rundliche Krone. Im Spätfrühling, bevor die Blätter das nun einsetzende Schauspiel beeinträchtigen könnten, eröffnet der Palisander seine Blütenschau. Zwei Monate lang ist der Baum in duftende Büschel von lavendelblauen Trompetenblüten eingehüllt – eine bienenumschwirrte, überwältigende Pracht, die staunen lässt und die Stimmung hebt. Wenn das zarte Laub erscheint, werfen die farnähnlichen, doppelt gefiederten Blätter einen lichten Schatten, und ihr kräftiges Grün hebt die Blütenfarbe noch stärker hervor. In Sydney, Pretoria und Lissabon, in Pakistan und in der Karibik sind diese Bäume zum Glück in großen Mengen angepflanzt worden, sodass breite Straßen nun von blauvioletten Baumreihen gesäumt und schmale Gassen von amethystfarbenen Kronen beschirmt werden. Wenn die Blütenblätter fallen, hinterlassen sie einen lila Teppich auf dem Boden, der wiederum eine Augenweide ist, außer vielleicht für Putzteufel und kleinliche Autofahrer, die sich über Flecken auf dem Lack ärgern.

Falls irgendwelche armseligen Mitmenschen noch eine Rechtfertigung für die Existenz von Straßenbäumen brauchen, sollten sie sie als eine Investition in die Zukunft betrachten. Es gibt umfangreiche Studien, die gezeigt haben, wie wichtig Bäume für die Luftqualität, die Kühlung der Städte und den Hochwasserschutz sind, dass sie identitätsstiftend und der psychischen Gesundheit zuträglich sind – viele Vorteile, die die Kosten der Bäume weit überwiegen. Die Auswahl will natürlich wohlüberlegt sein, schließlich hat jedes Stadtviertel seinen eigenen Charakter und sein eigenes Mikroklima. Wenn es bei Ihnen warm genug ist, ist ein neuer Palisander vor der Haustür aber bestimmt ein lohnendes und sozial verträgliches Mittel, um den Wert Ihrer Immobilie zu steigern.

Die Yoshino-Kirsche (S. 134) ist ebenfalls ein städtischer Zierbaum.

Chinarindenbaum

Cinchona spp.

Der Nationalbaum Perus und Ecuadors aus der Gattung *Cinchona* hat den Lauf der Geschichte verändert. Über 20 Arten gibt es von diesen schönen, 25 m hohen Bäumen, die große, glänzende Blätter mit auffälligen Adern und köstlich duftende, weiße oder rosa (manchmal haarige) Blüten haben, die in Rispen wachsen und in der Regel von Schmetterlingen oder Kolibris bestäubt werden. Berühmt geworden ist der Chinarindenbaum dafür, dass seine Rinde ein Heilmittel gegen Malaria ist.

Im frühen 17. Jahrhundert, als spanische Eroberer und Jesuitenmissionare in Peru erstmals Bekanntschaft mit Chinarinde machten, gab es in Südamerika gar keine Malaria. Einige Historiker meinen, die Rinde sei eine Quechua-Medizin zur Behandlung eines Fiebers gewesen, das keinerlei Ähnlichkeit mit Malaria hatte – mit der Malariabehandlung hätten die Europäer also einen Zufallstreffer gelandet. In Europa, wo Malaria oder „Sumpffieber" örtlich begrenzt auftrat, stellte sich heraus, dass Chinarinde die Krankheit heilen, aber auch dagegen schützen konnte. Rasch verbreitete sich das Arzneimittel in Spanien. Ausgerechnet die Spanier waren es dann wohl auch, die Malaria über den von ihnen organisierten Sklavenhandel nach Amerika einschleppten, den einzigen Kontinent, der nicht unter der Krankheit litt, aber ein Heilmittel dafür besaß. Als beherrschender „Partner" handelten die Spanier mit den Quechua, und das Abholzen der Chinarindenbäume begann. Schiffsflotten lieferten die Rinde nach Europa.

Das „Jesuitenpulver" Chinarinde wurde von Protestanten wegen seiner Verbindung mit Spanien und dem Katholizismus argwöhnisch betrachtet. Oliver Cromwell starb in England lieber an Malaria und damit zusammenhängenden Komplikationen, als das „Teufelspulver" einzunehmen. Im Jahr 1679 heilte Chinarinde jedoch den Sohn König Ludwigs XIV. von Frankreich, was dazu führte, dass sie bald weithin als einziges Mittel gegen Malaria bekannt wurde. Und 250 Jahre lang blieb, bis andere Arzneien aufkamen.

Heute wissen wir, dass die Chinarinde chemische Verbindungen enthält – wahrscheinlich zur Abwehr von Insekten –, die für die Quechua tatsächlich von medizinischem Nutzen gewesen sein könnten. Die sogenannten Chinin-Alkaloide haben die seltene Fähigkeit, bestimmte Bestandteile in unserem Blut für den Malariaparasiten giftig zu machen. Dem englischen Wort für Chinin, *quinine*, merkt man die südamerikanische Herkunft übrigens noch an, in Quechua heißt die Chinarinde nämlich *quina-quina* („die Rinde aller Rinden").

Bis ins 20. Jahrhundert hinein war Malaria ein Problem in Europa, in den Tropen dagegen *der* hemmende Faktor für die Ambitionen der europäischen Kolonialmächte. Mehr als die Hälfte der Europäer, die sich in bestimmte Teile Afrikas oder Asiens vorwagten, starben an Malaria. Im nordamerikanischen Virginia starben mehr britische Siedler am „Sumpffieber" als durch die Hand der Indianer. Alles, was diese Krankheit in Schach halten konnte, war also von größter strategischer Bedeutung, und man war bereit, viel Geld dafür zu zahlen. Um ihr Monopol zu schützen, drohten die Länder Südamerikas jedem, der Ableger oder Samen von Chinarindenbäumen exportierte, mit der Todesstrafe. Doch ihre Wälder konnten den immensen Bedarf an Chinin nicht decken, und im 19. Jahrhundert gelang es Holländern und Briten, Bäume für eigene Plantagen aus Südamerika herauszuschmuggeln.

In den 1930er Jahren lieferte Niederländisch-Ostindien weltweit das meiste Chinin. Das Präparat blieb im Zweiten Weltkrieg ein Machtfaktor. Als Java zusammen mit seinen Chininvorräten von den Japanern eingenommen wurde, importierten die USA tonnenweise Chinarinde aus Peru. Doch das reichte nicht: Zehntausende US-Soldaten waren in Afrika und im Südpazifik außer Gefecht gesetzt, weil es kein Chinin für sie gab.

Ohne Chinarinde hätten die Europäer die tropischen Teile der Welt nicht besetzen können. Auch in Indien waren die britischen Kolonialherren auf Chinin angewiesen: ein weißes Pulver, das aus Chinarinde extrahiert wurde und täglich im „Tonic Water" getrunken wurde. Um den bitteren Geschmack zu überdecken, fügte man Gin, Zitrone und Zucker hinzu: Der Gin Tonic war erfunden. Heute enthält Tonic Water deutlich mehr Zucker und weniger Chinin – aber immer noch so viel, dass das Getränk bei Disco-Schwarzlicht blassblau fluoresziert.

Wie Chinarinde haben in der Kolonialzeit auch Brotfrüchte (S. 194) eine Rolle gespielt.

PILULE
QUINIÆ
CINCHONA

Balsabaum

Ochroma pyramidale

Der Balsabaum stammt aus den tropischen Gefilden des amerikanischen Kontinents. Heute wachsen die meisten Exemplare in den Wäldern bzw. Plantagen in Ecuador, wo der Baum ein rasantes, kurzes Leben hat. Im lateinischen Namen *Ochroma* steckt das Wort „bleich" – das bleich-beige, federleichte Balsaholz ist im Modellbau allgemein bekannt. Da überrascht es vielleicht, dass es auch für die See- und Luftfahrt unentbehrlich gewesen ist.

Die Balsablüten sind etwas Besonderes. Die oft perfekt aufrecht stehenden, samtigen Knospen erinnern an Waffeleis. Abends öffnet sich die Blüte, um fünf große, cremeweiße Kronblätter zum Vorschein zu bringen: eine großzügige Einladung zu einer Riesenportion Nektar. Nächtliches Blühen bedeutet bei vielen Bäumen eine Bestäubung durch Fledermäuse. Der Pollen des Balsabaums wird jedoch von Kapuzineraffen und zwei weiteren reizenden Säugetieren transportiert, dem Honigbären und dem Schlankbären.

Die Bäume wachsen enorm schnell. Ihre glatten, fast unnatürlich zylindrischen Silberstämme können in sieben Jahren 30 m hoch und so dick werden, dass ein Erwachsener nicht mehr um den Stamm herumgreifen kann. Wie viele schnellwüchsige Bäume hat der Balsabaum große, mit Wasser gefüllte Zellen, die das Holz schwammig machen. Wenn das Holz einmal durchgetrocknet ist, wird die verbleibende Zellstruktur steif. Dadurch ist abgelagertes Balsaholz erstaunlich fest, hat aber ein extrem geringes Gewicht: Ein Balsa-Klotz von der Größe eines Rollkoffers wiegt weniger als 2,5 kg.

Das superleichte Holz wurde früher oft zum Floßbau verwendet, daher kommt auch das spanische Wort *balsa* für „Floß". Der norwegische Ethnologe (und Nichtschwimmer!) Thor Heyerdahl baute 1947 sein berühmtes Floß *Kon-Tiki* aus zusammengebundenen Balsastämmen, um zu zeigen, dass in präkolumbianischer Zeit ein Kontakt zwischen Südamerika und Polynesien möglich war. Von Peru aus segelte er damit 8.000 km über den Pazifik, bis er in der Nähe von Tahiti anlandete. Heyerdahls dreimonatiges Abenteuer bewies die Qualität von Flößen aus Balsaholz (auch wenn heute eher davon ausgegangen wird, dass Polynesien von Südostasien aus besiedelt wurde).

Während des Zweiten Weltkriegs mangelte es Großbritannien an Aluminium, aber es gab viele Holzwerker. So kam es, dass der Flugzeughersteller de Havilland das Kampfflugzeug *Mosquito* aus Holz bauen ließ. Der fertige „Balsa-Bomber" erreichte Geschwindigkeiten von über 640 km/h und war weltweit einer der schnellsten Jagdbomber. Sein Rumpf bestand aus einer leichten Balsaholzschicht, die zwischen zwei Sperrholzschichten aus Birke klebte. Balsaholz wird heute noch im Verbund mit anderen Werkstoffen für Windradflügel und Surfbretter verwendet. Vermutlich haben die Ingenieure von de Havilland als Kinder Modellflugzeuge aus Balsaholz gebaut. Wie sollten sie sonst darauf gekommen sein, ein richtiges Flugzeug aus diesem merkwürdigen Material zu konstruieren?

Paranuss

Bertholletia excelsa

Paranussbäume sind im ganzen Amazonas- und Orinoco-Becken heimisch, die meisten Paranüsse exportiert aber Bolivien. Genau genommen sind es gar keine Nüsse, sondern Samen. Ein Paranussbaum ragt bis zu 50 m empor und ist leicht an seinem geraden Stamm mit grauer, rissiger Borke zu erkennen, auf dem eine blumenkohlförmige Krone thront. Die großen, weißen Blüten werden von großen, kräftigen Bienen bestäubt, die sich nur selten in Bodennähe aufhalten, sodass Menschen sie kaum zu Gesicht bekommen.

Wenn der Baum verblüht ist, brauchen die Früchte über ein Jahr, um zu runden, holzigen Kapselfrüchten von der Größe eines Baseballs heranzureifen. Eine solche Frucht wiegt 2 kg und fällt aus der Höhe mit einer Geschwindigkeit von bis zu 100 km/h zu Boden. Dadurch wird das Aufsammeln zwar zu einer gefährlichen Angelegenheit, die Früchte überstehen die Landung aber gut. Die Kapseln sind schwer aufzubrechen. Zur Ausbreitung der Samen ist der Baum auf Agutis angewiesen: kleine Nagetiere, die mit Meerschweinchen verwandt sind und sehr scharfe Zähne haben. Die Agutis nagen die harte Schale auf und holen sich geschickt die Samen heraus, die innen eingekeilt wie Orangenstücke liegen – 10 bis 20 Stück in einer Frucht. Die Kerne, jeder in einer holzigen Schale, sind bekanntlich oft arg widerstandsfähig, wenn wir sie mit dem Nussknacker öffnen wollen. Kein Problem für die Agutis: Sie fressen einige Samen und vergraben den Rest, wobei sie – günstig für die Paranuss – oft vergessen, wo sie sie verbuddelt haben. Die Samen keimen z.T. erst nach Jahren, wenn ein Baum umfällt und etwas Sonnenlicht durch die Lücke im Kronendach fällt.

Paranüsse gehören zu den wenigen Früchten, die heute noch überwiegend aus Wildsammlungen stammen. Für die Indios sind sie eine wichtige Eiweiß- und Fett-, aber auch Einkommensquelle. In einem Jahr kann ein einziger Baum 300 Fruchtkapseln mit 100 kg Paranüssen hervorbringen. Das wertvolle Waldprodukt ist ein starker Anreiz, die Bäume zu schützen.

Ein besonderes Merkmal dieses Baumes ist, dass er radioaktive Stoffe, die in geringen Konzentrationen natürlicherweise im Boden vorkommen, aufnimmt und in seinen Samen einlagert. Nüsse essende Mitarbeiter von Kernkraftwerken hatten daher bei Routineuntersuchungen schon hohe radioaktive Werte – hoch genug, um unter den Technikern für Verwirrung zu sorgen, aber nicht so hoch, dass sie ein Gesundheitsrisiko darstellten.

Pernambucoholz

*Paubrasilia echinata**

Dieser Baum ist der Nationalbaum Brasiliens und wächst in den Wäldern an der brasilianischen Atlantikküste. Sein Holz wird gemeinhin auch als „Brasilholz" bezeichnet, doch dieser Name kommt nicht von dem Land, sondern umgekehrt ... *Paubrasilia echinata* ist ein schöner, etwa 15 m hoher Baum mit leuchtend gelben Blüten, die büschelweise an den aufrechten Blütenständen sitzen, süßlich nach Zitrus duften und voll mit Nektar sind. In der Mitte befindet sich ein auffälliges, dunkelrotes Saftmal. Die Früchte sind eigentümlich flach – längliche, stachelige Samenhülsen –, und die dunkelbraune Borke des Stamms blättert in großen Stücken ab. Darunter wird sichtbar, was den Baum berühmt gemacht hat, was aber auch sein Untergang war: das Kernholz.

Zur Zeit der Renaissance war farbenprächtige Kleidung für europäische Lebemänner ein Statussymbol. Roter Samt war besonders gefragt, Luxusware für Könige und Kardinäle, doch die rote Farbe war teuer und schwer zu bekommen. Eine wichtige Farbstoffquelle war das Indische Rotholz (*Caesalpinia sappan*) – in Asien seit dem 2. Jahrhundert v. Chr. und in Europa seit dem Mittelalter bekannt und damals auch Brasilholz genannt, vermutlich als Ableitung von dem portugiesischen Wort *brasa* („Glut"). Rotholz kam unter großem Aufwand aus dem Fernen Osten. In Europa wurde es mühsam zersägt, z.B. von Häftlingen im Amsterdamer Zuchthaus, dem Rasphuis („Raspelhaus"), und dann auf Seide oder Wolle aufgetragen, die man zuvor mit Alaun gebeizt hatte, damit die Stoffe den Farbstoff aufnehmen konnten.

Im Jahr 1500 landeten die Portugiesen in Südamerika. Sie konnten ihr Glück kaum fassen, als sie, angesichts von Ureinwohnern, die mit Pigmenten bemalt waren, auf den farbstoffhaltigen Bruder des Brasilholzbaumes stießen (dessen Holz sie auch Brasilholz nannten). Die Bäume wuchsen in Küstennähe – als warteten sie nur darauf, gefällt und auf den Markt gebracht zu werden. Die portugiesische Krone sicherte sich das Ausfuhrmonopol, und eine äußerst profitable Branche entstand, zumal der Abtransport des Holzes aus Südamerika wesentlich einfacher war als der aus Fernost. Die Arbeiter, die die Bäume abholzten und nach Europa verschickten, nannte man *brasileiros*. Wegen des Brasilholzhandels wurde aus *Terra de Vera Cruz* („Land des wahren Kreuzes"), dem ersten portugiesischen Namen der Kolonie, einfach *Terra do Brasil* („Land Brasilien").

Die portugiesischen Handelsaktivitäten führten dazu, dass andere Nationen den wertvollen Rohstoff auch haben wollten, ihn aus dem Land schmuggelten oder abfingen. Trotz bewaffneter Eskorten wurden portugiesische Schiffe, die Brasilholz geladen hatten, zu beliebten Plünderungsobjekten. Immer wieder kämpften Franzosen und Portugiesen gegeneinander und gegen die einheimische

* 2016 wurde der Name von *Caesalpinia* zu *Paubrasilia* („brasilianisches Holz") geändert, wie die Gattung vor 1785 schon einmal hieß.

Bevölkerung. 1555 versuchte eine französische Expedition erfolglos, eine Kolonie im heutigen Rio de Janeiro zu gründen – hauptsächlich, um das Potenzial von Brasilholz auszuschöpfen. Im Jahr 1630 brachte dann die Niederländische Westindien-Kompanie die Brasilholzgebiete größtenteils in ihren Besitz und fällte 20 Jahre lang systematisch die Bäume. Der Ertrag – 3.000 t Holz – wurde in die Niederlande verschifft.

Als in den 1870er Jahren synthetische Farbstoffe aufkamen, sank der Verbrauch von Brasilholz als Färbemittel, doch der Baumbestand war bereits dezimiert. Die Bäume hatten keine Chance, sich zu erholen, weil ihr Kernholz auch noch andere Qualitäten hat: eine einzigartige Kombination aus Stabilität, Dichte und Schwingverhalten. Seit dem 18. Jahrhundert benutzen Instrumentenbauer für besonders hochwertige Geigen- und Cellobögen gern Pernambucoholz oder Fernambukholz, wie das Holz in dieser Verwendung meistens heißt (Pernambuco ist ein brasilianischer Bundesstaat). In der Natur gibt es heute insgesamt nicht einmal mehr 2.000 Pernambucoholzbäume. Brasilien hat ein Exportverbot erlassen und bemüht sich um die Kultivierung der Bäume. Allerdings ist natürlich gewachsenes Holz ein bisschen dichter als Plantagenholz und hat dadurch bessere Klangqualitäten. Illegales Abholzen bedroht das Überleben der Art – und auf dem Schwarzmarkt bringt Pernambucoholz jährlich mehrere Millionen Dollar ein. Erlesene Musik hat auch ihre Misstöne.

Avocado

Persea americana

Obwohl die Avocado zu den nahrhaftesten und bekanntesten Früchten zählt, birgt sie jede Menge Geheimnisse. Der immergrüne Baum kommt ursprünglich aus dem tropischen Regenwald, wächst rasch und erreicht eine Wuchshöhe von bis zu 20 m. In der asymmetrischen, dichten Krone sitzen dicke, glänzende Blätter. Oben dunkelgrün, auf der Unterseite blasser, riechen sie beim Zerdrücken verführerisch nach Anis, sind aber gut geschützt: Sie sind sehr giftig, besonders für Haustiere.

Die Blüten zeigen zarte gelbliche oder grünliche Töne und sitzen in Büscheln an den Zweigenden. Jede Blüte hat männliche und weibliche Geschlechtsorgane, die zu unterschiedlichen Zeiten reifen! Um Selbstbefruchtung zu vermeiden, hat die Pflanze ein merkwürdiges Verhalten ausgebildet: Die Blüten öffnen sich zweimal – das erste Mal, wenn die weiblichen Blüten so weit sind, Pollen aufzunehmen. Dann schließen sie sich wieder. Stunden später, wenn die männlichen Blüten zur Abgabe von Pollen bereit sind, öffnen sie sich erneut. Erstaunlicherweise öffnen und schließen sich die Blüten aller Avocadobäume in einer Region gleichzeitig. Die Bestäubung klappt nur, weil es zwei Avocadotypen gibt, bei denen die männliche und die weibliche Reife genau zur entgegengesetzten Zeit eintritt, sodass Insekten zwischen ihnen hin- und herhuschen können. Aus diesem Grund tragen einsame Avocadobäume auch nur selten Früchte, und in Obstplantagen müssen beide Typen gepflanzt werden.

Die Frucht ist in der Regel birnenförmig und birgt einen einzigen großen Samen, der im limonengrünen, nach außen hin dunkleren Fruchtfleisch steckt und dieses wiederum in einer ledrigen dunkelgrünen oder auberginefarbenen Schale. Wilde Avocadofrüchte, die fast schwarzen *criollos*, sind klein, während die Früchte einiger Zuchtformen bis zu 2 kg schwer werden können.

Große, schwere Früchte plumpsen vom Baum und brauchen dann eine Transporthilfe bei der Ausbreitung, damit sie nicht mit der Mutterpflanze konkurrieren. Da die Avocadosamen aber giftig sind, können sie z.B. Nagetiere nicht sammeln und vergraben. In der Umgebung leben auch keine Tiere, die groß genug wären, um ganze Avocadofrüchte mitsamt Samen zu fressen. Am wahrscheinlichsten ist es daher wohl, dass die Früchte in prähistorischer Zeit von – mittlerweile längst ausgestorbenen – Riesenfaultieren mit relativ kleinen, stumpfen Zähnen verzehrt wurden. Die Faultiere verschluckten die Früchte vermutlich im Ganzen und schieden mit ihrem Kot den Samen aus, der dann keimen konnte. Heute sind die Avocados in puncto Ausbreitung auf die Menschen angewiesen. Dieser Aufgabe kommen wir mit weit größerem Eifer nach als die Riesenfaultiere: In Süd- und Mittelamerika hat die Avocadoa inzwischen ganze Wälder verdrängt.

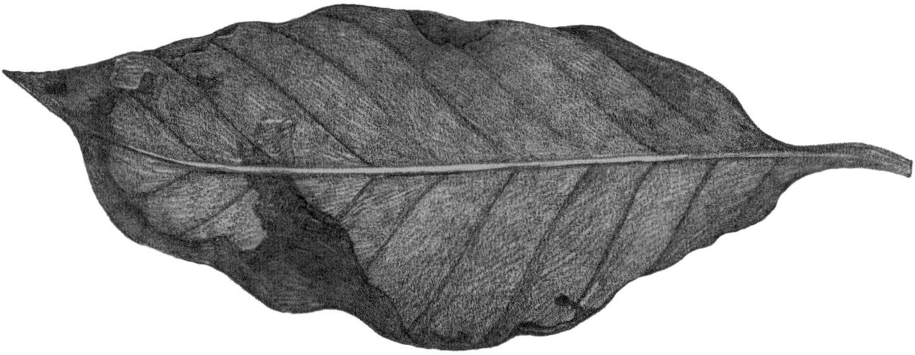

Als die Frucht im späten 19. Jahrhundert in Florida und Kalifornien eingeführt wurde, taufte man sie wegen ihrer reptilartigen Schale zunächst „Alligatorbirne". In den 1920er Jahren nannten die Züchter sie dann „Avocado", weil sie bei den Kunden keine Assoziationen mit etwas Gefährlichem und Hässlichem mehr wecken wollten. Die mexikanische Frucht war jedoch weiter nur schwer an den bornierten weißen Mann zu bringen, und guter Rat war teuer.

Schon die Kultur der Maya brachte die Avocado mit Fortpflanzung in Verbindung. Auch das aztekische Wort für Avocado (*āhuacatl*) ging in diese Richtung, es bedeutet nämlich „Hodenbaum" – vielleicht, weil die Früchte manchmal paarweise am Zweig hängen. 1672 schwärmte der englische Gartenbauexperte William Hughes, dass die Frucht „den Körper nährt und stärkt ... und höchste Lust verschafft". Spanische Mönche kamen zu der gleichen Erkenntnis und verbannten die Avocado aus den Klostergärten. Das war ein gefundenes Fressen für die Avocado-Branche. In einem genialen Marketing-Schachzug dementierte sie lautstark die „niederträchtigen Gerüchte" über die angeblich luststeigernde Avocado, was prompt Begehrlichkeiten weckte – zumindest nach der Frucht. Übrigens sagt man sehr nahrhaften Lebensmitteln allgemein gern aphrodisische Wirkungen nach, schließlich ist Hunger der Libido nicht gerade förderlich.

Die Avocado enthält eine Menge wertvoller Fettsäuren, zudem Vitamine und Spurenelemente, aber praktisch keinen Zucker. Sie ist eine der wenigen Früchte, die man roh verzehren muss; durch Kochen wird sie bitter und ranzig. In den USA sind Avocados neuerdings *der* Snack beim Football-Finale Super Bowl. Tortillachips mit Guacamole (nach dem aztekischen Wort *ahuacamolli* = Avocadosoße) gelten inzwischen als typisch amerikanisch, genau wie Truthahn zu Thanksgiving. Dennoch ist Mexiko der mit Abstand größte Avocadoproduzent – seit die Ureinwohner vor 10.000 Jahren mit dem Anbau der Früchte begonnen haben.

Während bei der Avocado noch unsicher ist, wie ihre Ausbreitung ursprünglich einmal funktioniert hat, hilft dem Ganiterbaum *(S. 157)* *die ungewöhnliche Struktur seiner Früchte.*

MEXIKO

Breiapfelbaum

Manilkara zapota

Die Spanier stießen bei der Eroberung Mittelamerikas im südlichen Mexiko, in Guatemala und im nördlichen Belize auf diesen Baum. Nach dem aztekischen Begriff (*tzapotl*) nannten sie ihn *sapodilla* und führten ihn auf den Philippinen ein, von wo aus er sich verbreitete und großen Anklang in Südostasien fand. Die Frucht hat eine raue, bräunliche Schale (wie eine Kiwi); das leicht körnige Fruchtfleisch schmeckt süß, malzig und birnenähnlich. Nicht übel also, doch diese Frucht hat weltweit mit etwas anderem Furore gemacht.

Der Breiapfelbaum, ein Sapotengewächs, ist ein langsam wachsender, immergrüner Baum mit einer dichten Krone aus ledrigen, dunkelgrünen Blättern. Wird die rosa Innenrinde beschädigt, tritt Milchsaft (Latex) aus – eine milchige Suspension aus Tröpfchen organischer Materie in Wasser, die nach dem Trocknen ein schützendes natürliches Klebepflaster bildet. Schon vor 2.000 Jahren gewannen die Maya aus dem Saft den Gummirohstoff Chicle, um Atemerfrischer oder Durstlöscher daraus zu machen.

Die Chicle-Ernte ist etwas für Machos. Die *chicleros* ritzen mit ihren Macheten zickzackförmige Kanäle in den Stamm und fangen den herauslaufenden Saft auf. Anschließend wird er erhitzt, wodurch er gerinnt und gereinigt wird. Mitte des 19. Jahrhunderts kam der geschäftstüchtige US-Amerikaner Thomas Adams hinter die traditionelle Verwendung, vermischte die Latexmasse mit Zucker und Geschmacksstoffen und ließ sie als „Kaugummi" verkaufen. Im großen Stil vertrieben wurde Chicle dann ab dem frühen 20. Jahrhundert. Zu Adams' Kaugummi-Firma kam die von William Wrigley, und schon war, dank cleverer Vermarktung (und auch dadurch, dass Kaugummis zur Ration der amerikanischen Soldaten gehörten), ein neuer Industriezweig mit einem Milliarden-Dollar-Umsatz geboren. In den 1930er Jahren importierten die USA bereits 8.000 t Chicle pro Jahr. Eine übermäßige Ausbeutung und Schädigung der Breiapfelbäume war die Folge, bis die kontinuierliche Nachfrage des US-Militärs in den 1940er Jahren die Entwicklung synthetischer Ersatzstoffe auf der Grundlage von Erdöl beschleunigte. Seither ist Erdöl die Grundsubstanz fast des gesamten Kaugummis. Kaugummi aus natürlichem Chicle produzieren heute nur noch wenige kleine Manufakturen, die damit die modernen *chicleros* unterstützen und armen Gemeinden einen Anreiz bieten, den Wald zu schützen.

Chicle oder Breiapfel? Mit ein und demselben Baum sind ganz unterschiedliche Dinge verknüpft. Während das Kaugummikauen in Amerika eine lange Tradition hat, gilt es in Asien als ungehobelt; auf die Früchte des Baumes ist man jedoch auch weit weg von dessen Heimat stolz.

COSTA RICA

Sandbüchsenbaum

Hura crepitans

Im tropischen Mittel- und Südamerika sowie in Teilen der Karibik ist *Hura crepitans* unter den englischen Namen *monkey-no-climb*, *poison tree* und *dynamite tree* bekannt, von denen jeder für einen anderen Aspekt dieses gefährlichen Baumes steht. Seinen Stamm, der leicht über 50 m hoch wird, fasst man nicht einfach so an. Jeder Zentimeter ist mit stummeligen, aber rasiermesserscharfen Dornen bewehrt. Die Stacheln können ernsthaften Schaden anrichten. Gut, dass man die männlichen Blüten auch mit einem Fernglas betrachten kann! Es sind hängende, 15 cm lange, konische Blütentrauben mit unzähligen dunkelroten Miniblüten, die sich wirkungsvoll von den leuchtend grünen, länglich-herzförmigen Blättern abheben.

Wie viele andere Arten aus der Familie der Wolfsmilchgewächse (*Euphorbiaceae*) produziert der Sandbüchsenbaum einen Milchsaft (Latex), der sämtliche Lebewesen vom Verzehr seiner Blätter abhält. Der Saft ist giftig und wirkt so rasch, dass Blasrohrpfeile damit präpariert werden können. Die Ureinwohner der Karibik haben auch Fische mit dem Gift getötet.

Was diesen Baum außerdem deutlich von anderen unterscheidet, ist die Art seiner Samenausbreitung. Samen, die einen Weg in der Luft zurücklegen sollen, sind in der Regel leicht; manche haben sogar eine Art Flügel. Dagegen müssen die Samen des Sandbüchsenbaums auf dem dunklen Waldboden keimen, bevor der Sämling Sonnenlicht abbekommt, und müssen die dafür nötigen Nährstoffe in sich tragen. Sie sind ziemlich kompakt: flache, kupferfarbene Bohnen von der Größe einer 50-Cent-Münze.

Die Frucht des Sandbüchsenbaums hat die Form einer geschälten Mandarine und besteht aus etwa 16 Teilfrüchten. In deren Hülsen stecken wiederum die (natürlich giftigen) Samen. Während des Reifungsprozesses verändern die Hülsenfrüchte ihre Farbe von Olivgrün zu Dunkelbraun und verholzen. Durch den Trocknungsprozess beim Reifen schrumpfen auch einige Partien der Frucht schneller als andere. Das erzeugt eine enorme Spannung, die sich dadurch entlädt, dass die Hülse (meist an einem heißen, trockenen Tag) explosionsartig platzt. Es gibt einen lauten Knall, und die Samen werden mit erstaunlichem Druck herausgeschleudert. Eine Botanikzeitschrift berichtete Mitte des 19. Jahrhunderts über erste Erfahrungen mit dem Phänomen in Deutschland: Ein Naturkundler hatte eine Samenhülse des Sandbüchsenbaums unter eine Glasglocke gestellt. Zehn Jahre später barst diese Hülse mit einem pistolenschussartigen Geräusch und verteilte ihre Einzelteile samt Glassplittern im Raum.

Wissenschaftler haben beobachtet, dass die *Hura-crepitans*-Samen mit einer Geschwindigkeit von etwa 240 km/h weggeschleudert werden. Verblüffenderweise geschieht dies in einem Winkel, der dem Luftwiderstand Rechnung trägt, sodass eine optimale Reichweite erzielt wird. Auch trudeln die Samen wie kleine Frisbee-Scheiben, was sie bis zu 45 m weit fliegen lässt: weit genug, dass die Sämlinge nicht mit dem Elternbaum konkurrieren.

Zu Beginn des Reifungsprozesses dringen Ameisen oft durch Spalten zwischen den Samenhülsen ein, nisten sich in den Hohlräumen ein und ziehen ihren Nachwuchs darin groß. Die Hülsen selbst greifen die Ameisen nie an, wahrscheinlich weil dann eine Menge klebriger, ätzender Latex austreten würde. Die Insekten nutzen die Hülsen vielmehr als gut bewehrte, komfortable Behausungen – trocken und geschützt vor Fressfeinden –, die nur einen kleinen Nachteil haben: dass ihre Welt urplötzlich in Stücke zerspringen kann.

Das einzig Harmlose am Sandbüchsenbaum sind die unreifen Samenhülsen. Ihnen verdankt der Baum seinen Namen. Im 18. Jahrhundert, als man noch mit Federkielen schrieb, dienten die Hülsen nämlich als ebenso nützliche wie schmückende Schreibtischutensilien: Man verwendete sie als Behälter für den feinen Sand, den man zum Trocknen der Tinte aufs Papier streute.

Eine ganz andere Art der Samenausbreitung als der Sandbüchsenbaum, der seine Samen in die Luft katapultiert, hat die Paranuss (S. 181).

J A M A I K A

Brotfruchtbaum

Artocarpus altilis

Der Brotfruchtbaum stammt aus Papua-Neuguinea und von anderen Inseln in Melanesien. Er wurde zuerst von Menschen kultiviert, die vor rund 3.000 Jahren in den westpazifischen Raum einwanderten. Die botanischen Eigenschaften des Baumes, der heute überall in den Tropen angebaut wird, führten zu der berüchtigtsten Meuterei aller Zeiten.

Der Brotfruchtbaum wächst zu einer imposanten Höhe von bis zu 25 m heran und hat einen kräftigen, graubraunen Stamm. Seine Krone aus sehr großen, dunklen, oft tief gelappten Blättern wirft viel Schatten. Beim Anschneiden sondern alle Teile des Baums und seine unreifen Früchte weißen Latex ab, der vielseitig nutzbar ist: zur Behandlung von Hautleiden, zum Abdichten von Booten oder als Kleber, der auf Hawaii zeitweilig sogar zum Vogelfang diente.

Blüten beider Geschlechter blühen am selben Baum, und jeder Blütenstand besteht aus Tausenden auf einer kolbenförmigen Achse sitzender winziger Blütchen; die männlichen sind kegelig, die weiblichen kugelig. Die weiblichen Blüten verwachsen zu den fleischigen essbaren Fruchtständen, die rund oder leicht oval und kopfgroß sind. Die Brotfrüchte sind zuerst hellgrün, im reifen Zustand gelb, und haben eine zähe Schale mit einem Mosaikmuster aus vier- bis siebenkantigen Noppensegmenten. Jedes dieser entweder glatten oder stacheligen Vielecke ist einmal ein Blütenköpfchen gewesen. Die mehlige Frucht ist in Ozeanien ein Grundnahrungsmittel; das cremeweiße oder blassgelbe Fruchtfleisch enthält viele Kohlenhydrate sowie einige Vitamine. In Geschmack und Verwendbarkeit sind die Früchte mit Kartoffeln vergleichbar, während Geruch und Konsistenz entfernt an Brot erinnern.

Die Samen sind steril, ephemer oder fehlen aufgrund von Züchtung ganz. Weil die Bäume sich nicht mittels Wurzelsprossen ausbreiten können, sind sie darauf angewiesen, dass Menschen sie durch Ableger vermehren. Dafür sind Brotfruchtbäume bei Wärme und viel Feuchtigkeit enorm ergiebig. Sie können zwar erst nach drei Jahren Frucht tragen, bringen es mit der Zeit aber auf jährlich 200 nahrhafte Brotfrüchte, u.U. sogar auf 0,5 t Früchte. Der Mensch muss eigentlich nur pflücken und Fallobst beseitigen, damit Schwaden von Fruchtfliegen nicht Schleimhaufen daraus machen.

1769 schrieb Joseph Banks, der als Botaniker an Kapitän Cooks berühmter Expedition teilnahm, die Tahitianer hätten ein leichtes Leben, weil ihnen die endlose Plackerei des Ackerbaus erspart bleibe. Dieser Bericht erreichte die Plantagenbesitzer der britischen Kolonie Jamaika. Von dort war bis dahin vorwiegend das (höchst profitable) Zuckerrohr ausgeführt worden, und dort mangelte es aufgrund von klimatischen und politischen Problemen an Kochbananen und Süßkartoffeln, den wichtigsten Nahrungsmitteln der afrikanischen Sklaven. Die Plantagenbesitzer suchten nach einem Ersatz. Der musste mühelos anzubauen und anspruchslos sein, sodass die fruchtbarsten Felder weiterhin den Marktkulturen vorbehalten blieben. Da kam ihnen die Brotfrucht gerade recht. Also segelte Captain Robert Bligh 1787 im Auftrag der britischen Regierung mit der HMS *Bounty* von England nach Tahiti, um die Brotfrucht von dort in die Karibik zu bringen. Weil der Brotfruchtbaum aber keine entwicklungsfähigen Samen produziert, musste die Mannschaft gezwungenermaßen sechs Monate darauf warten, dass eine Schiffsladung Ableger Wurzeln schlug. Die Männer fanden Gefallen am Inselleben und gingen Verhältnisse mit heimischen Frauen ein. Sie wollten ihr neues Leben nicht aufgeben – und so meuterten sie, gleich nachdem sie die Segel für die Rückreise gesetzt hatten, und setzten Bligh samt seinen wenigen Getreuen in einer Barkasse aus. Bligh überlebte wie durch ein Wunder und kehrte mit einem anderen englischen Schiff nach Tahiti zurück. 1793 landete er schließlich mit mehreren Hundert kleinen Brotfruchtstecklingen, die die Reise überstanden hatten, auf Jamaika.

Als diese Bäume Früchte trugen, akzeptierten die Sklaven die neue Nahrung jedoch nicht. Das verblüffte die Behörden und die zeitgenössischen Berichterstatter. Aber die vertrauten Nahrungsmittel aus Afrika standen zu der Zeit wieder zur Verfügung, und die Ablehnung der Brotfrucht war für die versklavten Menschen wahrscheinlich einige der wenigen Möglichkeiten der Selbstbehauptung. Seit Jamaika 1962 die Unabhängigkeit erlangt hat, hat die Brotfrucht keinen kolonialen Beigeschmack mehr und ist zu einer wichtigen Zutat in Jamaikas Koch- und Grillgerichten avanciert. Es finden sogar Brotfrucht-Festivals statt. Und überall in den Tropen werden zur Nahrungssicherung immer noch Brotfruchtschösslinge an mittlerweile unabhängige Entwicklungsländer geliefert.

Tief gelappte Blätter hat auch die Echte Feige (S. 66).

Gujakbaum

Guaiacum officinale

Der Nationalbaum der Bahamas ist eine immergrüne Schönheit mit einem eisenharten Kern. Dank seiner weit unten ansetzenden Verzweigung ist er ein beliebter Alleebaum, der gern zu einem umgedrehten Kegel beschnitten wird. In der Heimat des Gujaks, den trockenen Küstenregionen Mittelamerikas, finden sich bisweilen wundersam krumme alte Exemplare. Die Bäume können 1.000 Jahre alt werden.

Mit seinen glänzenden, paarig gefiederten Blättern und seiner abblätternden Rinde, unter der sich mehrfarbige Flecken am Stamm zeigen, ist der Gujakbaum eine Pracht. Hübsche blaue oder lavendelfarbene Blüten erscheinen in lang anhaltender Fülle. Mit der Zeit verblassen sie und werden weiß, sodass die Farbe der Krone in verschiedenen Tönen changiert. Dann folgt der zweite Akt: Eher flache, zartrosa Kapseln entwickeln sich, werden beim Reifen goldgelb, platzen auf und geben die Samen frei, die von einer roten, fleischigen Außenschicht (Sarkotesta) umgeben sind.

Am ungewöhnlichsten aber ist das Gujakholz. Es ist wahrscheinlich das härteste Holz der Welt, sehr schwer und so dicht, dass es in Wasser sofort sinkt. Es fühlt sich seidig an und riecht exotisch nach Vanille. Schon die Ureinwohner der Bahamas haben Aufgüsse des harzigen Holzes als Arznei benutzt. Gerüchte, dass sie damit angeblich auch Geschlechtskrankheiten erfolgreich behandelten, brachten Ärzte Anfang des 16. Jahrhunderts dazu, dem Holz besondere Heilkräfte zuzuschreiben. Sie nannten es *lignum vitae* (Lebensbaum). Um1520 wurden bereits Wucherpreise für das zerkleinerte Gujakholz und -harz verlangt, die leider in keinem Verhältnis zur Wirkung der Kuren standen. Bis ins 19. Jahrhundert hinein behandelte man die Syphilis mit Pockholz – fatalerweise oft in Kombination mit Quecksilber. Und noch heute gibt es auf den Bahamas einen Liebestrank mit Gujak-Extrakten – doch von dem muss man vermutlich nur überzeugt genug sein, damit er wirkt.

Kein Zweifel besteht jedoch an der Robustheit und Langlebigkeit von *lignum vitae*. Gujakholz wird exportiert und dient z.B. zur Herstellung von Auktions- und Krockethämmern, Mörsern und Stößeln oder den klobigen Schlagstöcken der britischen Polizei. Wegen seiner dichten, sich kreuzenden Fasern lässt das Holz sich nicht hobeln, ist dafür aber einmalig widerstandsfähig. Aufgrund des hohen Anteils an harzigen Ölen können daraus sogar selbstschmierende Wellenlager für Schiffe gemacht werden. So bestand in den 1950er Jahren etwa die Schraubenwelle des ersten Atom-U-Boots der Welt, der USS *Nautilus*, aus Gujakholz.

Für ihre leuchtenden, saftigen Samen ist die Granatapfelfrucht (S. 107) bekannt.

Gewöhnliche Dreh-Kiefer

Pinus contorta var. *latifolia*

Die Dreh-Kiefer ist eine Stütze eines Ökosystems an der Pazifikküste Nordamerikas, das sich in einem breiten Streifen von British Columbia entlang der Rocky Mountains bis weit südlich in die USA zieht. Der hohe, geradschäftige Baum mit schlanker Krone wurde von den kanadischen Ureinwohnern häufig für die Errichtung von Tipis genutzt und von den europäischen Siedlern für den Gebäudebau (daher der engl. Name *lodgepole pine*).

Die Zapfen der Dreh-Kiefer sind an Feuer angepasst. Jahrelang verbleiben sie mit Harz fest verschlossen am Baum und warten auf einen Waldbrand, damit ihre Versiegelung in der Hitze schmilzt. Das Feuer verwüstet zwar den Elternbaum, aber wenn es vorbei ist, lassen die Zapfen ihre sicher verwahrten Samen auf fruchtbare Asche fallen, und eine Menge neuer Sämlinge schießt vor allen Konkurrenten aus dem Boden empor.

Die Dreh-Kiefer ist der Hauptwirt für eine auf demselben Territorium häufige Insektenart, dem Bergkiefernkäfer, der den Baum ständig angreift. Im Sommer bohren die weiblichen Käfer Löcher in den Stamm und legen ihre Eier in Gänge in der Innenrinde. Die Käfer haben eine symbiotische Beziehung mit Bläuepilzen, die sie in ihren Mundwerkzeugen mit sich tragen. Wenn die Käfer fressen, besiedelt der Pilz die Zellen der Innenrinde, beeinträchtigt den Flüssigkeitsfluss im Baum und stört dessen Abwehrfunktionen, d. h. die Produktion von giftigem Harz. Dadurch haben die Käfer ein leichtes Leben – der Pilz aber auch: In den Insektengängen erzeugt er Sporen, die im nächsten Sommer von frisch geschlüpften Käfern, die sich einen neuen Wirtsbaum suchen, ausgebreitet werden.

Harte Winter vernichten fast alle Käferlarven, und gesunde Kiefern sind in der Lage, mit den Attacken der übrig gebliebenen Insekten zu leben oder sie ganz abzuwehren. Darüber hinaus sorgt der Käferbefall an schwachen Bäumen für reichlich Totholz. Wenn ein Blitz einen Waldbrand entfacht, gibt es genug Brennstoff, und die Kiefern sind mit ihren feuerangepassten Zapfen gegenüber anderen Arten im Vorteil. In den letzten Jahren hat der Klimawandel diese Zusammenhänge allerdings gründlich durcheinandergebracht. Durch die milden Winter sind die Käferpopulationen förmlich explodiert, und die Verteidigung der Kiefern ist zusammengebrochen. Das befallene Holz nimmt eine düstere blaugraue Farbe an, die Nadeln werden braun, und ehemals gesunde Bäume gehen in großer Zahl ein. Sage und schreibe 18 Millionen Hektar Wald sind betroffen. Die kanadischen Behörden setzen zwei Milliarden Dollar ein, um den Käfer zu bekämpfen, der sich massenhaft und über seinen vorigen Lebensraum hinaus ausbreitet. Wir sind von billiger Energie aus fossilen Brennstoffen abhängig – verständlich, doch der Klimawandel hat einen hohen Preis.

U S A

Tanoak

Notholithocarpus densiflorus

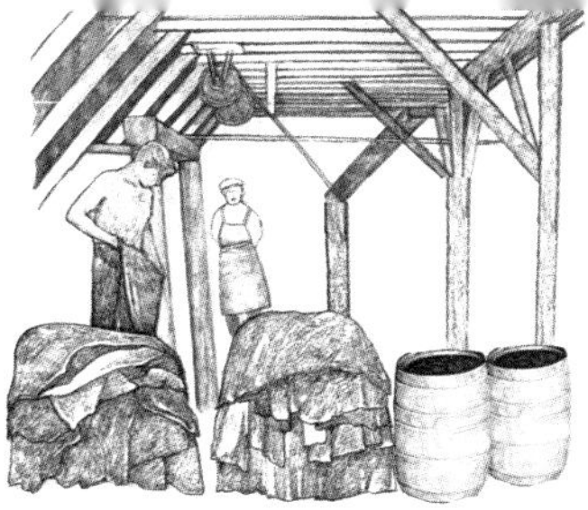

Dieser immergrüne Hartholzbaum wächst in Südoregon und Nordkalifornien auf Berghängen, die dem Meer zugewandt sind. Er hat Ähnlichkeit mit einer Eiche, aber auch mit einer Ess-Kastanie. Knorrig und verdreht wächst er bis zu 50 m in die Höhe und bildet – wenn er genügend Raum hat – eine weit ausladende Krone. Die dicke, graubraune Borke wird mit dem Alter tief zerfurcht. Bei jungen Bäumen sind die gezähnten Blätter auf der Unterseite dicht behaart – wahrscheinlich, weil der Baum so weniger Wasser verliert. Die männlichen Blütenstände sehen wie fingerlange, gelbe Dreadlocks aus, während Büschel weiblicher Blüten an der Basis der Blütenstände zum Vorschein kommen und sich zu hartschaligen „Eicheln" entwickeln. Diese haben einen gerüschten Fruchtbecher (keinen geschuppten wie echte Eicheln) und können so groß werden wie ein kleines Hühnerei.

Historisch betrachtet waren Lachs und Tanoak-Früchte die wichtigsten Grundnahrungsmittel der einheimischen Indianer. Die Eicheln, die Eiweiß, Kohlenhydrate und viel Fett enthalten, wurden gemahlen, in fließendem Wasser von Bitterstoffen befreit und dann als Suppe, Brei oder Brot zubereitet. Mitte des 19. Jahrhunderts wurden die Eicheln jedoch von europäischen Migranten als Schweinefutter zweckentfremdet, weil die boomenden Goldminenstädte nach Schweinefleisch verlangten.

Der Zustrom von Menschen und Pferden steigerte auch die Nachfrage nach Leder. Um Leder geschmeidig und haltbar zu machen, wurden rohe Tierhäute in einem speziellen Sud gegerbt. Das Gerbmittel waren Tannine – chemische Stoffe, mit denen Bäume ihre Fressfeinde von Angriffen auf ihre Rinde abhalten. Tanoaks (engl. *tan* = gerben, *oak* = Eiche) waren eine ganz hervorragende Gerbstoffquelle, vor allem zur Herstellung von dickem Leder für Sohlen und Sättel. In den 1860er Jahren wurde Leder dann von Firmen in New York und Pennsylvania produziert. Die Nachfrage nach Tanninen war unersättlich, und die Bäume wurden übermäßig ausgebeutet. Diese Entwicklung führte in den 1920er Jahren letztlich zu einem Tannin-Engpass und dem allmählichen Niedergang der US-Lederindustrie.

Nach dem Zweiten Weltkrieg wurden Tanoaks wegen ihres harten, feinfaserigen Holzes wieder angepflanzt; als weitaus gefragter erwiesen sich jedoch schnellwüchsige Nadelbäume, deren Weichhölzer einfacher zu verarbeiten waren. So wurde innerhalb von 100 Jahren aus einem Baum, der die Ureinwohner ernährt hatte, ein wertloses Unkraut. Förster machten sich mit Entlaubungsmitteln an den Bäumen zu schaffen, brachten das Ökosystem durcheinander und machten die verbliebenen Bäume anfällig für Krankheiten. Seit den 1990er Jahren sind Millionen von Tanoaks tatsächlich an einem Baumgeschwür („Sudden Oak Death") eingegangen, das durch *Phytophthora ramorum* verursacht wird. Dieser pilzähnliche Organismus ähnelt dem Erreger, der Mitte des 19. Jahrhunderts der Grund für die Kartoffelfäule und anschließende Große Hungersnot in Irland war.

KANADA

Westliche Hemlocktanne

Tsuga heterophylla

Die Westliche Hemlocktanne ist ein hoch aufragender Nadelbaum, der an der feuchtkühlen Pazifikküste in Oregon, Washington und British Columbia wächst – im Land der Schwarzbären, wo es einige der schönsten Urwälder überhaupt gibt. Schon von Weitem ist die Hemlocktanne durch ihre herabhängenden Triebe erkennbar. Sie hat eine braune, leicht gefurchte Rinde und stutzt sich selbst: Wenn der Baum wächst, fallen Äste von den unteren drei Vierteln des Stammes ab und hinterlassen riesige, gerade Säulen. Die kurzen Nadeln sind flach und glänzend, mit markanten weißen Streifen auf der Unterseite.

Der Name des Baumes (engl. *hemlock* = Schierling) bezieht sich auf den Duft, den die Nadeln beim Zerreiben verströmen. Sie riechen nämlich so ähnlich wie der fürchterlich giftige, aber nicht mit der Hemlocktanne verwandte Gefleckte Schierling (*Conium maculatum*) – dessen Saft berühmt ist, weil Sokrates damit getötet wurde. Im Gegensatz dazu wird die Hemlocktanne von der Urbevölkerung der Westküste wegen ihrer essbaren Innenrinde und als Heilmittel für diverse Krankheiten geschätzt. Die weich benadelten Hemlockäste dienten den Indianern früher als Bettzeug, aus gekrümmten Stämmen schnitzten sie Geschirr, mit der tanninhaltigen Rinde gerbten sie Leder oder machten einen rötlichen Farbstoff daraus, der als Rouge verwendet wurde.

Hemlocktannen nehmen dem Wald viel Licht. Trotz humusreicher Erde gedeihen auf dem Boden eines Hemlockwaldes nur Farne, die allerdings den Boden bedecken und hüfthoch werden können. Damit haben die Hemlocksämlinge, die schattige Standorte im Prinzip vertragen, ein Problem. Selbst wenn sich im Baumkronendach eine Lücke auftut – dadurch, dass ein Baum gefällt oder umgeweht wird –, können die Samen im Schatten der Farne nur selten keimen. Andere Baumarten bringen in solchen Situationen besonders große Samen hervor, die genügend Nährstoffe enthalten, um das Licht aus eigener Kraft zu erreichen. Die Hemlocktanne hat eine andere Methode: Wenn ein alter Baum umstürzt, liegt die Oberseite des riesigen Baumstammes frei. Hemlocksamen, die hier landen, können auf der Oberfläche keimen, weil sie Nährstoffe nutzen, die Pilze bei der Zersetzung des Stammes bilden. Die Sämlinge senden Wurzeln nach unten aus, die um die alten Stämme und Stümpfe herumzufließen scheinen. Es hat etwas Unheimliches, ja Urzeitliches, wenn neues Leben daraus entsteht, dass ein Sämling seinen toten Bruder umfängt. Die Wurzeln wachsen weiter, und das Altholz verrottet, bis schließlich ein neuer Baum auf dicken Stelzen dasteht. Über Jahrzehnte hinweg füllen sich die Lücken mit organischen Substanzen. Mitunter kann man aber auch bei einer alten Hemlocktanne noch das Überbleibsel eines Stammes erkennen, der sich in ihren Fängen befindet.

KALIFORNIEN, USA

Küstenmammutbaum

Sequoia sempervirens

Die gewaltigen Mammutbäume in den nebeligen Küstenhügeln im Nordwesten Kaliforniens sind die höchsten Bäume überhaupt und werden auch mit am ältesten. Der allerhöchste Baum der Welt ist der Küstenmammutbaum „Hyperion" mit einer Höhe von sage und schreibe 115 m. Staunend fragt man sich, ob es eine Grenze dafür gibt, wie hoch ein Baum wachsen kann. Historische Aufzeichnungen haben gezeigt, dass die maximale Höhe von Bäumen immer bei etwa 120 m gelegen hat. Kann das Zufall sein? Um die Frage zu beantworten, müssen wir die Aufgabe von Wasser als Lebenssaft eines Baumes verstehen und wie es in die Krone gelangt.

Wie bei jeder anderen Pflanze werden die Feststoffe eines Baumes aus zwei einfachen Bestandteilen hergestellt (synthetisiert): Kohlendioxid und Wasser. Diese wohl wichtigste biochemische Reaktion auf unserem Planeten arbeitet mit Sonnenlicht, daher der Name *Foto*synthese. Jeder Quadratmillimeter auf einem Blatt hat Hunderte von winzigen Poren, durch die Kohlendioxid aus der umgebenden Luft eindringen kann. Die einzige Möglichkeit, wie ein Baum Wasser von seinen Wurzeln bis zur Krone transportieren kann, besteht darin, dass ein Teil des Wassers durch die Blattporen verdunstet. Wenn einzelne Zellen nahe der Blattoberfläche austrocknen, entsteht ein Unterdruck, der Wasser von der nächsten feuchten Zelle darunter ansaugt, dann von der nächsten, übernächsten usw., bis der Sog eine Blattader erreicht und auf die winzigen Röhren dort einwirkt, die mitunter einen Durchmesser von nur einem dreißigstel Millimeter haben, bis das Wasser durch den holzigen Teil des Baumes nach oben gezogen wird.

Das ist eine geschickte Art des Wassertransports, weil hier Sonnenenergie – und nicht die Energie des Baumes selbst – zur Verdunstung von Wasser in der Krone genutzt wird. Das Ganze beruht auf einer besonderen Eigenschaft des Wassers: Es besteht aus Molekülen mit positiven und negativen Enden, die sich gegenseitig anziehen wie Magnete. Die Anziehungskraft (Kohäsion) der Wassermoleküle ist groß, weswegen Regen sich z.B. zu schönen kleinen Tropfen formen und eine Wassersäule kontinuierlich zusammenhalten kann. Aber nur bis zur einer bestimmten Höhe. Die Grenze liegt bei – etwa 120 m. Bei allem, was darüber hinausgeht, kann der Wasserfaden der entgegenwirkenden Schwerkraft nicht mehr standhalten und reißt ab, was innerhalb eines Baumes zum Austrocknen und Absterben der Baumspitze führen würde. Fazit: Bäume können nicht höher werden, weil die physikalischen Gesetze es nicht erlauben.

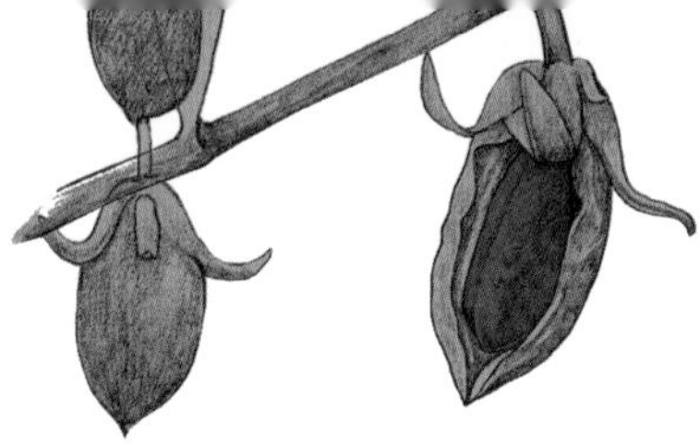

USA

Jojobastrauch

Simmondsia chinensis

Trotz ihres wissenschaftlichen Namens hat diese Art nichts mit China zu tun: Der Zusatz *chinensis* kommt daher, dass ein Botaniker im 19. Jahrhundert ein hingeschmiertes Etikett falsch gedeutet hat. Der Jojobastrauch ist in Mexiko, Kalifornien und Arizona im Gebiet der westlichen Sonora-Wüste heimisch, ein niedriger, immergrüner Strauch, bisweilen auch ein buschiger Baum, der bis zu 4 m hoch wird und in Trockengebieten gedeiht. Die langen Jojoba-Pfahlwurzeln können bis zu 10 m tief in den Boden eindringen, um Wasser zu ziehen, und die ledrigen, graugrünen Blätter sind mit einer Wachsschicht überzogen, die vor Wasserverlust schützt. In der Mittagshitze richten sich die Blätter gelenkig auf – in senkrechter Stellung sind sie der Sonne weniger stark ausgesetzt, und die Fotosynthese läuft effektiver ab. Folglich spendet ein Jojobastrauch erstaunlich wenig Schatten (einige Eukalyptusarten kennen diesen Trick auch). Die Anordnung der Blätter erzeugt außerdem Luftströmungen, die den Pollen der gelben Blütenbüschel der männlichen Bäume zu den hellgrünen Blüten an den Blattknoten der weiblichen Bäume tragen. Jede bestäubte weibliche Blüte reift zu einer goldbraunen Frucht von der Größe und Form einer Eichel heran.

In der Frucht sitzen Samen, bei denen goldenes Öl die Hälfte ihres Gewichts ausmacht, ein flüssiges Wachs, das schon seit Langem für Haut- und Haarpflegeprodukte verwendet wird. Jojobaöl dient auch als hitzebeständiger Maschinen-Schmierstoff – ein hochwertiger Ersatz für das seit den 1970er Jahren weitgehend verbotene Öl von Pottwalen. Die große Nachfrage führte in heißen Ländern zu ausgedehnten kommerziellen Anpflanzungen. Doch der Anbau von Jojoba ist schwierig. Die Bauern müssen mehrere Jahre warten, bis die Pflanzen blühen, und die ertraglosen männlichen Exemplare dann so ausdünnen, dass gerade noch genug übrig bleiben, um den Rest zu bestäuben.

Vor Kurzem wurde Jojobaöl auch als Mittel zur Behandlung von Fettleibigkeit beworben. Kühe, die mit Überresten vom Ölpressen gefüttert wurden, haben anscheinend Gewicht verloren, und die indianischen Ureinwohner nutzten Jojoba einst als Appetithemmer, wenn auch nur in Zeiten großer Not. Wissenschaftlich ist jedoch nicht erwiesen, dass Jojobasamen harmlos sind. Für medizinische Zwecke und als Lebensmittel sind sie nicht zugelassen. Dennoch erlauben Gesetzeslücken, dass sie zumindest in Großbritannien als Nahrungsergänzungsmittel verkauft werden.

Der Jojobastrauch bietet Vögeln und anderen Tieren ganzjährig Schutz und Nahrung, aber nur von der reizenden Rauhaar-Taschenmaus ist bekannt, dass sie das Wachs der Frucht verträgt. Bei anderen Spezies, einschließlich des Menschen, wirkt es mild abführend, eine Eigenschaft, die dem Strauch dabei hilft, seine Samen auszubreiten.

UTAH, USA

Amerikanische Espe

Populus tremuloides

Die häufigste Baumart Nordamerikas gedeiht gut in den Bergen im Westen der USA, in Colorado etwa oder in Utah, wo sie zum offiziellen Staatsbaum gekürt wurde. Der Anblick dieser Bäume lässt das Herz höher schlagen. Die Espenblätter, oberseits leuchtend grün und unterseits hellgrau, flimmern und schimmern im Licht. Im Herbst wird das Laub erst gelb, dann golden – ein herrlicher Kontrast zum Himmel in der klaren Bergluft. Der Blattstiel (Petiolus) ist bei der Espe lang und abgeflacht wie ein Geschenkband, sodass sich die Blätter schon beim geringsten Luftzug bewegen und ein raschelndes Geräusch machen, das ähnlich beruhigend wirkt wie ein plätschernder Fluss. Weshalb Espenblätter so zittern, ist nicht ganz klar. Eine Theorie ist, dass Blätter mit äußerst biegsamen Stielen nicht so leicht von Bergwinden abgerissen werden. Vielleicht dringt aufgrund der ständigen Bewegung aber auch mehr Licht zu den hellen, grünlichen Espenstämmen durch, die viel Chlorophyll enthalten und auch Fotosynthese betreiben können.

Die Amerikanische Espe hasst Schatten. Unter dem eigenen Kronendach kann sie sich nicht vermehren, und mit bodenbedeckenden Kiefern kann sie schon gar nicht mithalten. Nach einem Brand ist sie jedoch in der Lage, den Boden schneller als viele andere Arten zu besiedeln. So erklärt sich, warum alle Bäume eines Espenwäldchens oft dieselbe Höhe haben: Sie haben gleichzeitig ausgeschlagen. Im Wilden Westen, wo Trockenperioden den Samen das Leben schwer machen, verzichten die Espen auf geschlechtliche Vermehrung. Stattdessen treiben sie Schösslinge direkt aus den Wurzeln aus. Was wie verschiedene Bäume aussieht, kann also eine Vielzahl genetisch identischer Exemplare sein, die einem gemeinsamen Wurzelsystem entwachsen, kurz: Klone. Tatsächlich gilt ein Bestand Amerikanischer Espen in Utah, der liebevoll „Pando" (lat. = „Ich verbreite mich") genannt wird, als das schwerste bekannte Lebewesen der Welt. Pando umfasst rund 45.000 Bäume, erstreckt sich über mehr als 40 ha Land und hat ein Gesamtgewicht von etwa 6.500 t. Das Alter der Kolonie als Ganzes (nicht das der aktuell sichtbaren Bäume) wird auf 80.000 Jahre geschätzt.

Das Risiko, sich auf diese Art und Weise zu vermehren, ist, dass die Pflanzen keine ausreichende genetische Vielfalt mehr haben, um Krankheiten zu überwinden oder sich an eine veränderte Umgebung anzupassen. Doch Espen sind vielseitig – sie können auch auf die geschlechtliche Fortpflanzungsmethode zurückgreifen und sind daher sehr erfolgreich.

Wider Erwarten sind Naturschutzgebiete und Besucherzentren mit angeschlossenen Campingplätzen eine Hauptgefahr für große Espenbestände. Das liegt nicht am Rowdytum der Camper, sondern daran, dass Waldbrände an solchen Orten eher unter Kontrolle gebracht werden, was den konkurrierenden Nadelbäumen mit Schattentoleranz Vorteile verschafft.

MISSOURI, USA

Schwarze Walnuss

Juglans nigra

Die Schwarze Walnuss ist ein stattlicher Baum mit riesiger Krone und dunkler, gefurchter Rinde, der aus Nordamerika stammt und östlich der Rocky Mountains vorkommt. Seit mindestens 4.000 Jahren nutzen die Ureinwohner die öl- und eiweißhaltigen Nüsse (Schwarznüsse), während das langlebige, dunkelbraune Holz seit Jahrhunderten zur Möbel- und Furnierherstellung verwendet wird, und das leider im Übermaß.

In den USA kommen zwei Drittel der jährlichen Schwarznussernte aus Missouri. Die Nüsse haben einen intensiveren Geschmack als die der Echten Walnuss, wobei ihre harten, tief geriffelten Schalen einen Kraftakt für einen kleinen Snack zwischendurch fordern – vielleicht ein Kniff der Evolution, der verhindern soll, dass Nagetiere die nächste Baumgeneration einfach wegfressen.

Traditionell hat die Schwarze Walnuss auch einen Bezug zum Militär. Ihr Holz ist stabil, bruchsicher, einfach zu bearbeiten und hat eine wunderschöne, leicht erhöhte und dadurch griffige Maserung. Im 19. Jahrhundert war dieses Material heiß begehrt für Gewehrkolben. Prompt entstand im Englischen die Redewendung *shouldering walnut* („die Walnuss schultern"), die so viel bedeutete wie „Militärdienst leisten".

Walnussbäume schützen sich mit dem natürlichen Keim- und Wachstumshemmer Juglon gegen konkurrierende Pflanzen und mit Tanninen gegen Insekten. Den Menschen dienen diese Substanzen als Färbe- und Fixiermittel in einem. Während des Amerikanischen Bürgerkriegs wurden Walnussschalen z.B. verwendet, um handgefertigte Südstaatler-Soldatenjacken graubraun zu färben.

Im Ersten Weltkrieg fertigte man Flugzeugpropeller aus Schwarznussholz, weil es enormen Kräften standhält, ohne zu zersplittern. Im Zweiten Weltkrieg waren die Walnussbäume dann so dezimiert, dass die US-Regierung eine Kampagne startete, um Privatpersonen zu Baumspenden für die Kriegsausrüstung zu ermuntern. Zur gleichen Zeit mischte man Walnussschalen mit Nitroglyzerin, um Sprengstoff herzustellen. Bei alledem überrascht es kaum, dass Walnussholz auch als Sargholz beliebt ist.

Der invasive Götterbaum *(S. 222)* *setzt ebenfalls chemische Substanzen frei, um Wettbewerber zu schwächen.*

USA

Yaupon

Ilex vomitoria

Ehe die Europäer Nordamerika eroberten, war Yaupontee (auch: indianischer Tee) ein begehrtes Gut; die indigenen Stämme Amerikas legten weite Strecken zurück, um Teeblätter zu ernten. Ein Geheimnis bleibt, warum das Getränk heute kaum noch bekannt ist.

Der Yaupon ist ein weitverbreiteter, kleiner, immergrüner Baum, ein Verwandter des Mateteestrauchs und der Gewöhnlichen Stechpalme, mit stacheligen Blättern und vielen glasig-roten Beerenfrüchten. Er wächst in sandigen Küstenregionen am Golf von Mexiko bis nach Florida und wird, wenn überhaupt, nur von wenigen Schädlingen befallen – der Grund dafür ist vermutlich das Koffein, das die Blätter enthalten.

Das Koffein im Yaupontee war es auch, das den Baum für die Timucua und andere indigene Stämme früher so wertvoll machte. Viele Kulturen haben ihre Koffeinrituale, angefangen bei der therapeutischen Tasse Tee und dem Feinschmecker-Kaffee-Hype von heute über den afrikanischen Kolanuss-Tausch bis hin zu asiatischen Teezeremonien. Bei den amerikanischen Ureinwohnern galt die Darreichung von Yaupontee als ein Friedenszeichen. Auch bei Festlichkeiten mit Musik und Tanz spielte der indianische Tee eine bedeutende Rolle; zu solchen Anlässen wurde er aus Muschelschalen getrunken.

Jetzt wird die Yaupon-Geschichte speziell. Bei den indigenen Völkern Nord- und Südamerikas war Erbrechen eine gängige Methode der rituellen Entschlackung und Reinigung, die die Teilnehmer einer religiösen Zeremonie oft anwendeten. Angesichts des allgegenwärtigen indianischen Tees brachten die Europäer Yaupon fälschlicherweise mit Erbrechen in Verbindung und gaben der Pflanze den charmanten Artnamen *vomitoria*. Tatsächlich löst Yaupontee aber nicht mehr Brechreiz aus als der uns bekannte schwarze Tee oder Kaffee. Das indianische Erbrechen war wohl eher eine antrainierte Fähigkeit – vielleicht wurde der Tee auch mit anderen Drogen versetzt –, aber der schlechte Ruf blieb dem Heißgetränk erhalten. Die Abneigung der Europäer wurde noch dadurch verstärkt, dass mit dem Getränk die Rituale eines unterjochten (oder ausgestorbenen) Volkes verbunden waren. Wie hätte der indianische Tee da mit professionell vermarktetem „echtem" Tee oder Kaffee mithalten können? Nur kurz, als in Spanien der Kaffee einmal knapp wurde, interessierten sich die Nachfahren der europäischen Eindringlinge für Yaupon, doch zum Boom kam es nie.

Der Yaupontee hat einen neuen Werbeauftritt verdient. Er ist leicht anzubauen, eine echte Alternative zu Tee oder Kaffee, schmeckt ein bisschen nach Oolong und schneidet bei Blindverkostungen gegen Mate und ähnliche Aufgussgetränke gut ab. Hier und da ist er als „Cassina" erhältlich. Das scheint ein Fall von Rebranding mit mitteleuropäischem Flair zu sein, doch in Wahrheit ist dieser Name fast alles, was von dem ausgestorbenen Stamm der Timucua übrig geblieben ist.

Sumpfzypresse

Taxodium distichum

Die feuchtheißen Sümpfe im Südosten der USA sind die Heimat der Sumpfzypresse. Sie gedeiht auch in Überschwemmungsgebieten, wo andere Arten verfaulen, umstürzen oder ersticken. Dieser hoch aufragende, stattliche Baum ist nicht mit echten Zypressen, sondern mit den Mammutbäumen verwandt. Für mehr Stabilität bildet der ausladende Stamm zahlreiche Brettwurzeln aus. Bei der Sumpfzypresse kontrastiert die ganz besonders feste, tief gefurchte, dunkelbraune, mit dem Alter aber zunehmend graue Borke mit einer federartig weichen, üppigen Benadelung. An den Astenden sitzen grüne Zapfen, deren hübsche Schuppen ein rotes, duftendes Flüssigharz dicht umschließen. Im Herbst verfärben sich die Nadeln rostrot und fallen schließlich zusammen mit kleineren Zweigen ab. Wie es sich für ein Schlammgewächs gehört, ist das Holz alter Sumpfzypressen extrem witterungsbeständig; landläufig heißt es im englischen Sprachraum auch *wood eternal* („ewiges Holz").

An nassen Standorten bilden Sumpfzypressen markante „Knie" aus: hohle, senkrechte Wurzelverlängerungen, die wenige Meter vom Hauptstamm entfernt aus dem Boden oder aus dem Wasser emporwachsen und so hoch und so breit wie ein Mensch werden können. Diese Gebilde haben die Indianer früher als Natur-Bienenstöcke genutzt. Doch welchen Nutzen haben sie für den Baum? Dazu gibt es mehrere Theorien, etwa die, dass die „Kniewurzeln" den Baum fester im Boden verankern, dass sie Kohlenhydrate speichern oder dass sie vorbeitreibende, nährstoffreiche Pflanzenteile sowie Schlamm auffangen, die ansonsten weggeschwemmt würden – alles interessante Ansätze, die aber wissenschaftlich nicht hinreichend belegt werden konnten.

Man glaubt es vielleicht nicht, weil es um einen unterirdischen Vorgang geht, aber Baumwurzeln brauchen Sauerstoff, um zu funktionieren. Die meisten Böden bieten genügend Risse und Hohlräume, in die Gase eindringen können, aber ein Sumpf macht es Wurzeln schwer. Daher kam die Vermutung auf, dass die Sumpfzypresse eine eigene Methode entwickelt haben könnte, um ihre wassergetränkten Wurzeln mit Sauerstoff zu versorgen. Die Kniewurzeln – so die These – könnten Atemwurzeln (Pneumatophoren) sein. Im Jahr 2015 lieferten Forscher den Beweis: Tatsächlich besteht ein Zusammenhang zwischen der Sauerstoffmenge in den unterirdischen Wurzeln und der Sauerstoffmenge, die die Kniewurzeln aus der Luft aufnehmen. Allerdings überleben Sumpfzypressen selbst dann, wenn ihre Kniewurzeln abgetrennt sind. Heißt das, dass die „Knie" vielleicht mit Umweltbelastungen fertigwerden sollen, die es längst nicht mehr gibt? Solche Fragen mögen absonderlich klingen, doch die Suche nach Antworten hilft uns, die Urgeschichte besser zu verstehen.

FLORIDA, USA

Mangrovebaum

Rhizophora mangle

Es gibt etwa 60 Mangrovenarten, die sich auf besondere Weise an die Lebensumstände an tropischen Küsten oder küstennahen Sümpfen und Lagunen angepasst haben. Der Mangrovebaum wird meist um die 8 m hoch, mitunter aber auch bis zu 20 m. Er wächst im östlichen tropischen Amerika und in Westafrika. Entlang der Golfküste in Südflorida gibt es besonders große, bis zu 6,5 km breite Mangrovenstreifen. Die Rinde von *Rhizophora mangle* ist dunkelgrau, kratzt man aber daran, zeigt sich ein tanninreicher, rötlich-brauner Bast, der stehendes Wasser wie Tee verfärbt – landläufig wird diese Art daher oft „Rote Mangrove" genannt. Der Baum hat große, ledrige Blätter, deren Oberseite dunkelgrün glänzt, während die Unterseite oft gesprenkelt ist. Die Blüten sind cremefarben bis gelblich und duften für einen windbestäubten Baum, der keine Insekten anlocken muss, ungewöhnlich süß.

In der Pflanzenwelt gehören die Mangrovebäume zu den seltenen „lebendgebärenden" Arten. Die Samen keimen bereits, wenn sie sich noch am Mutterbaum befinden. Jeder Sämling entwickelt zwischen seinen Keimblättern und seiner harten, „geschärften" Wurzelspitze eine ungewöhnlich lange Sprossachse. Die zuletzt 30 cm langen, speerähnlichen Sämlinge (sogenannte Brutkörper) fallen wie Pfeile vom Baum in den Sand oder Schlamm, überleben monatelange Verdriftung im Gezeitenstrom und wachsen explosionsartig. Diejenigen, die ins Wasser fallen, treiben dahin und wachsen weiter. Sie warten auf den Moment, in dem sie den Boden berühren, damit sie schnell Wurzeln schlagen können.

Die vielleicht auffälligste Anpassung des Mangrovebaums an den losen Ufersand sind seine bogenförmigen Stelzwurzeln, die mehrere Meter lang sein können. Sie verankern die Bäume im Untergrund und bilden ein kräftiges, ineinander verwachsenes Wurzeldickicht, das aufgewühltes Wasser beruhigt und Sinkstoffe abfängt. Lebensnotwendigen Sauerstoff für die Wurzeln gibt es im wassergesättigten Schlickboden nur wenig. Die Mangrove löst das Problem durch Korkporen (Lentizellen), die sich mit den Gezeiten öffnen oder verschließen und somit den Gasaustausch zwischen der Umgebungsluft und dem lebenden Gewebe ermöglichen.

Der Saft des Mangrovebaums ist nahezu salzfrei – dank eines Entsalzungsverfahrens, das mit Sonnenenergie betrieben wird. Der Sonnenschein lässt die Feuchtigkeit auf den Blättern verdunsten, wodurch ein Vakuum entsteht, das Wassersäulen unter hohem Druck durch spezielle Membranen in den Wurzeln leitet und das Salz zurücklässt. Diese sogenannte Ultrafiltrationsmethode haben Ingenieure schon als Vorbild für die Trinkwasseraufbereitung genutzt. Die Schwarze Mangrove (*Avicennia germinans*) aus Florida regelt die Sache anders: Trotz ihres Namens sind ihre Blätter mit weißem Salz bedeckt, das sie zwar aufnimmt, aber auch wieder ausscheidet, was ein kurzer Lecktest bestätigen kann. Außerdem gibt es Mangrovenarten, die das Salz in ihre ältesten Blätter leiten und diese dann abwerfen.

Mangrovebäume bieten vielen Wasserlebewesen Schutz und Nahrung. Feine Wurzeln wachsen z.B. in orangefarbene Feuerschwämme hinein, erhalten dort Stickstoff und geben im Gegenzug Kohlenhydrate ab. Die Blätter ernähren Krabben, Weichtiere und Insekten. Auch exotische Fische wie Snooks, Tarpune oder Schulmeister-Schnapper sind auf den Schutz der Mangrovenwurzeln und die Nährstoffe dort unten angewiesen. Am Ende der Nahrungskette stehen Krokodile, Silberreiher, Meeresschildkröten, Seekühe und viele große Hochseefische. Sie alle hängen von den Mangroven ab, ganzen Wäldern, die in Salzwasser gedeihen und eine reiche Nahrungsquelle sind.

Mangrovebäume sind anpassungsfähige Überlebenskünstler, doch sie sind bedroht – von der Garnelenzucht, der Küstenerschließung, der Holzkohlengewinnung und auch vom Klimawandel. Sie gedeihen nur in dem kleinen Bereich zwischen dem mittleren und dem höchsten Wasserstand. Wenn der Meeresspiegel ansteigt, werden sie landeinwärts gedrängt, wo das Land vielfach schon vom Menschen in Beschlag genommen wurde. Und wenn Mangroven einmal verschwunden sind, waschen die Gezeiten das Ufer aus und gestalten es um, was es den Bäumen oft schwer macht, sich wieder neu anzusiedeln.

Wenn sie in Ruhe gelassen werden, können Mangroven eine Küste jedoch befestigen, ein Schutz bei Sturmflut sein und dem Meer sogar neues Land abgewinnen. Dabei arbeiten in Florida mehrere Arten zusammen, jede in ihrer eigenen ökologischen Nische. Die Rote Mangrove baut ein Wurzelgerüst auf, in dem sich Sedimente ablagern. Dann können Schwarze Mangroven wachsen und Tausende von Atemwurzeln (Pneumatophore) bilden, die vertikal aus dem Schlick ragen, um Sauerstoff aufzunehmen. Rot- und Schwarzmangroven spenden Biomasse durch ihre eigenen Blätter, aber auch durch die Flora und Fauna, die in ihrem System lebt. Schließlich fassen Weiße Mangroven (*Laguncularia racemosa*) Fuß und tun sich mit anderen Bäumen an Stellen zusammen, wo der Boden mittlerweile fest ist. Unterdessen bleibt die Rote Mangrove an der Grenze zum Meer und verschiebt diese langsam vom Land weg – als erste Siedlerin.

Die Neuseeländische Kaurifichte (S. 160) stützt ebenfalls ein ganzes Ökosystem – in ihren Zweigen

BROOKLYN, USA

Götterbaum

Ailanthus altissima

Der Götterbaum wird geschätzt und zugleich verachtet. Sein wissenschaftlicher Name leitet sich von dem molukkischen Artnamen *ai lantit* ab, der übersetzt so etwas wie „hoch wie der Himmel" bedeutet. Schnell wird ein Götterbaum 25 m groß. Er hat eine glatte, eher helle Rinde und – ungewöhnlich für einen großen Laubbaum – einen fast perfekt zylindrischen Stamm. Die beachtlichen Blätter sind teilweise über 1 m lang, gefiedert und mit gut zwei Dutzend kleineren Fiedern besetzt, was dem Baum ein exotisches Flair verleiht.

Ursprünglich stammt der Baum aus China; 1820 wurde er wegen seiner dichten Belaubung und seines interessanten Aussehens im Staat New York eingeführt. Götterbaumsamen wurden sogar vom US-Landwirtschaftsministerium das zuvor in Europa und Asien nach robusten neuen Zierpflanzen gesucht hatte, verteilt – ein Fehler, wie sich später zeigen sollte. Während des Goldrauschs in den 1840er Jahren brachten chinesische Bergleute noch mehr Samen mit, weil sie traditionelle chinesische Medizin aus Wurzeln und Blättern des Götterbaums herstellen wollten. Sicher erinnerte der Baum sie aber auch an ihre Heimat, wo Seidenspinnerraupen üblicherweise mit seinen Blättern gefüttert werden. Mitte des 19. Jahrhunderts war der Baum im Osten der USA bereits weit verbreitet, da er noch vom untalentiertesten Gärtner problemlos überall angepflanzt werden konnte. Das hätte den Leuten eine Warnung sein sollen.

Während der Name des Baumes in den meisten europäischen Sprachen seine Größe oder sein schnelles Wachstum betont, lautet sein Name in Nord- und Zentralchina *chòuchūn*, was sich vielsagend mit „übelriechender Baum" übersetzen lässt. Wenn man ein Blatt zerdrückt oder einen Trieb entzweibricht, riecht es nämlich nach Katzenurin oder ranzigen Erdnüssen. Richtig schlimm wird es aber ab Juni, wenn der Götterbaum prächtige Büschel von kleinen gelblich-grünen Blüten trägt. Die Bäume sind getrenntgeschlechtig, und vor allem die männlichen blühenden Bäume stinken, was das Zeug hält: nach muffigen Sportsocken, abgestandenem Urin oder menschlichem Sperma. Für Insekten, die den Pollen von den männlichen zu den weiblichen Blüten tragen, muss dieser spezielle Duft allerdings berauschend lieblich sein.

Im Sommer produziert ein weiblicher Baum etwa 350.000 Samen, die mit Flügeln aus einem faserigen, erst bernsteinfarbenen, dann leuchtend roten Gewebe ausgestattet sind. Wenn die geflügelten Früchte herabfallen, drehen sie sich hübsch und werden vom leichtesten Luftzug davongetragen. Keimen können die Samen eigentlich überall. Ohne Probleme wächst der Götterbaum auf Trümmerflächen oder in Böden, die von Eisenbahnschienen geschädigt sind. Er verkraftet auch Zementstaub und Industrieabgase. Da er in seinem Wurzelsystem Wasser speichert, ist er widerstandsfähig gegen Trockenheit und gedeiht, wo nur wenige andere Bäume überleben.

In dem Roman *Ein Baum wächst in Brooklyn* von 1943 benutzt die Autorin Betty Smith den Götterbaum als Metapher für eine Einwanderungsgeschichte.

Das titelgebende Bäumchen bemüht sich unter schlechten Voraussetzungen beharrlich um Erfolg, obwohl es ständig unterschätzt wird, und kämpft darum, in den Himmel zu wachsen. Dagegen kann man ja kaum etwas haben, aber der Götterbaum ist nicht nur gegen Widrigkeiten gefeit, sondern auch aggressiv und praktisch unzerstörbar. Mittlerweile konzentrieren sich alle Empfehlungen für Gärtner darauf, wie man den invasiven Baum wieder loswerden kann. Wenn man ihn abholzt, schlägt der Baumstumpf nämlich wieder aus, und zwar mit einem Wuchstempo von 2,5 cm pro Tag – das macht 4 m pro Saison. Wenn man den Baum verbrennt oder vergiftet, besteht die Gefahr, dass sich Wurzeltriebe bilden, die teilweise noch vom Mutterbaum genährt werden und sich dann regenerieren. Obwohl ein Götterbaum nur selten älter als 50 Jahre wird, hat er über die Wurzeltriebe die Fähigkeit, sich selbst immer weiter zu klonen. Die Rinde verursacht bei Baumchirurgen Kontaktdermatitis, und die Wurzeln sind kräftig genug, um Abwasserleitungen und Rohre zu beschädigen. *Ailanthus* verdrängt sogar pflanzliche Rivalen, indem er Herbizide ausbildet, gegen die sich seine eigenen Sämlinge dann als immun erweisen.

Da er wie verrückt wächst, sich unsozial verhält und bereits mit zwei Jahren fortpflanzt, wird der Götterbaum im Westen nicht kultiviert. In China haben sich einige Konkurrenten und Insekten gemeinsam mit dem Baum entwickelt und halten ihn unter Kontrolle, doch auch hier ist sein Ruf so schlecht, dass man ein missratenes Kind einen „nutzlosen *Ailanthus*-Spross" nennt. Es gibt aber auch Gärtner, die die exotische Pracht des bösartigen Baumes bewundern. Für beide Sichtweisen gibt es stichhaltige Argumente. Betty Smith fasst das in ihrem Buch so zusammen: „Man könnte ihn für schön halten, aber es gibt zu viele von ihm."

USA

Gewöhnliche Weymouths-Kiefer

Pinus strobus

Das wirtschaftlich und strategisch bedeutendste Merkmal der Weymouths-Kiefer, die auch Strobe genannt wird, ist ihr Stamm. Er ist steif, robust und für sein Gewicht ungewöhnlich gerade und hoch. Diese Kiefernart aus dem Nordosten der USA ist zum Symbol für das unabhängige Amerika geworden – zum einen, weil sie in der Kolonialgeschichte eine wichtige Rolle gespielt hat, und zum anderen, weil Weißkopfseeadler gern in ihr nisten.

Im Wettstreit ums Licht zieht eine junge Weymouths-Kiefer gegenüber anderen Arten oft den Kürzeren. Unter ihresgleichen kann sie aber Wuchshöhen von 45 m oder mehr erreichen; letztlich überragt sie häufig die anderen Bäume im Wald. Wenn eine dieser Kiefern von größeren Bäumen umgeben ist, greift sie zu einer List: Sie entzieht dem Boden organische Stickstoffverbindungen, vermindert dadurch die Fruchtbarkeit des Bodens – und die Konkurrenten haben das Nachsehen. Derweil nutzt die Kiefer den gespeicherten Stickstoff, um eigene Biomasse zu bilden.

Die Äste der Weymouths-Kiefer gehen fast rechtwinklig vom Stamm ab und richten sich an den Enden leicht auf. Bei alten Bäumen wird die anfangs kegelförmige Krone breit und unregelmäßig. Die schlanken, weichen Nadeln sind blaugrün und im Querschnitt dreieckig, mit schmalen weißen Bändern darauf, sodass die Zweige im Wind schön glitzern. Wie die meisten Nadelbäume ist die Weymouths-Kiefer nicht darauf eingerichtet, dass Insekten ihren Pollen transportieren. Herrlich verschwenderisch produziert sie gelbe Blütenstaubwolken, die der Wind davonträgt. Und so wunderten sich Seeleute, die früher an der nordamerikanischen Küste vorbeisegelten, oft über geheimnisvollen „Schwefel“ auf dem Deck.

Die amerikanischen Ureinwohner hatten für fast alle Teile der Kiefer Verwendung. Aus den Vitamin-C-haltigen Nadeln machten sie einen Tee gegen Skorbut, und die aufgeweichte Rinde benutzten sie zur Wundbehandlung. Das Harz diente als Antiseptikum, aber auch als Dichtungsmittel für Risse und Fugen in Kanus, die gebaut wurden, indem man kleinere Bäume mithilfe von Feuer aushöhlte.

Die Kolonisten nutzten den Baum auf ihre Weise. In der großen Zeit der Segelschiffe galt: Je höher und fester der Mast war, desto mehr Windkraft konnte das Schiff nutzen und desto schneller fuhr es. Egal, ob es darum ging, Fracht zu transportieren, Piraten zu verfolgen oder Kriege zu führen – jeder Vorsprung war wertvoll. Im frühen 17. Jahrhundert war die britische Marine noch auf Schiffsmasten aus dem Baltikum angewiesen, hinter denen auch die Franzosen, Niederländer und Spanier her waren. Doch dann entdeckten die Briten die hoch aufragenden Wälder Neuenglands, und die Aufregung über die Chancen, die darin schlummerten, war groß. 1643 wurden die ersten 100 Masten auf einem eigens dafür angefertigten Schiff liegend von New Hampshire nach England geschickt.

Im Lauf der Jahrzehnte entwickelten die Siedler neue Abholztechniken, damit die tonnenschweren Bäume nicht zersplitterten, wenn sie umfielen. Das Holz wurde auf Ochsengespanne verladen oder auf Flößen transportiert. Mit dem Verkauf von Kiefernholzmasten verdienten die Kolonialmächte viel Geld. Zeitgleich wurden in den Kolonien aber auch Sägemühlen errichtet, damit die Siedler sich Häuser und Kirchen aus dem hellen Holz bauen konnten – bis es schließlich kaum noch größere Kiefern gab.

Schiffsmasten waren extrem wichtig für die Royal Navy und für Englands Wohlstand. Daher erließ das britische Parlament im 17. und 18. Jahrhundert strenge Vorschriften: Die Weymouths-Kiefer sollte nur noch für den königlichen Schiffsbau verwendet werden. Gutachter markierten die besten Bäume mit dem *King's Broad Arrow* – drei auffälligen Axtspuren in Pfeilform – als Regierungseigentum, und diejenigen, die die Kiefern trotzdem fällten, wurden hart bestraft. Dass die wertvollen Bäume in greifbarer Nähe, aber tabu waren, führte allerdings zu zunehmendem Unmut unter den Siedlern. Baumfällungen gehörten zu den ersten Rebellionen gegen die britische Herrschaft. Der Kontinentalkongress verbot 1774 den Export der Weymouths-Kiefer aus Amerika, und zwei Jahre später fuhren Kriegsschiffe aus Neuengland unter einer Flagge mit Kiefernemblem – ein machtbewusstes Zeichen der Freiheit, das die Briten sicher gleich verstanden haben.

PURE
Maple Syrup
540 ml
PRODUCT OF QUEBEC

KANADA

Gewöhnlicher Zucker-Ahorn

Acer saccharum

Der Zucker-Ahorn kommt häufig in Quebec, Ontario und im US-Bundesstaat Vermont vor. Er liefert köstlichen Ahornsirup für Pancakes und hochwertiges Holz, das hart genug für Baseballschläger ist. Jedes einzelne Blatt scheint stolz „Kanada!" zu rufen. Weniger bekannt ist, warum die Laubbäume in dieser Region, allen voran die Ahornbäume, im Herbst ein besonders prächtiges Farbenspektakel vorführen.

Blätter sind kleine Chemiewerke, die Zucker aus Kohlendioxid und Wasser zaubern und dafür die Energie des Sonnenlichts nutzen. Diesen Vorgang nennt man Fotosynthese. Um diesen Prozess zu ermöglichen, bilden Pflanzen den grünen Farbstoff Chlorophyll. Außerdem produzieren die Blätter orangefarbene und gelbe Antioxidantien (Carotine und Xanthophylle), um freie Radikale, die als Nebenprodukt der Fotosynthese entstehen, unschädlich zu machen und möglichst viel Energie aus den Sonnenstrahlen herauszuholen, indem sie Licht unterschiedlicher Wellenlänge für die Chlorophyll-Moleküle einfangen. Die goldgelben Farbstoffe sind immer im Blatt enthalten, im Frühjahr und Sommer allerdings überdeckt vom grünen Chlorophyll. Im Herbst recyceln die Bäume dann alles, was im kommenden Jahr nützlich sein könnte. Das Chlorophyll wird langsam abgebaut, und seine Bestandteile werden eingelagert. Dadurch verschwindet die grüne Blattfarbe, die Gelb- und Orangetöne werden sichtbar, und gleichzeitig werden rote bis purpurfarbene Töne (Anthocyane) produziert. Voilà: Die Blätter ändern ihre Farbe.

Ahornbäume in Nordamerika schmücken die Zaubershow allerdings noch zusätzlich aus. Wenn ihre Blätter sterben, verwandelt sich der Zucker, den der Baum noch nicht aufgenommen hat, in hellrote Anthocyane. Die Voraussetzung dafür ist allerdings ein Herbstklima, das für das südliche Kanada und Neuengland typisch ist: eiskalte Nächte, die den Austritt des Zuckers aus den Blättern verlangsamen, gefolgt von sonnigen, milden Tagen, in denen Anthocyane produziert werden. In Europa ist es im Herbst tagsüber dagegen oft kühl und bewölkt, und die Nächte sind nicht so kalt. Deshalb leuchten die Ahornblätter in unseren Breiten deutlich weniger.

Während Ahornblätter sich im Alter rot färben, sind beim Bobaum (S. 122) junge Blätter rot.

Und wohin jetzt?

Beginnen Sie Ihre Reise durch die Welt der Bäume in einem botanischen Garten. Dort können Sie eine Menge über Bäume in mehreren Erdteilen erfahren, ohne sich auf eine teure Reise begeben zu müssen. Den nächstgelegenen botanischen Garten finden Sie auf der Webseite *bgci.org* der *Organisation Botanic Gardens Conservation International*. Die meisten botanischen Gärten verfügen über engagierte Mitarbeiterinnen und Mitarbeiter sowie hilfreiche Literatur.

Da es sich hier nicht um eine wissenschaftliche Publikation handelt, ist die folgende Literaturliste nicht umfassend, sondern listet stattdessen einige Titel auf für alle, die Lust bekommen haben, sich weiter mit dem Thema zu beschäftigen.

Literaturempfehlungen

Die Rinden heimischer und kultivierter Laub- und Nadelbäume im Vergleich, Quelle & Meyer Verlag, Leipzig 2013

Amber, Conrad: *Bäume auf die Dächer, Wälder in die Stadt*, Franckh Kosmos Verlag, Stuttgart 2017

Ders. *Baumwelten und ihre Geschichten*, Franckh Kosmos Verlag, Stuttgart 2015

Arens, Detlev: *Der deutsche Wald – Naturereignis, Wirtschaftsraum, Sehnsuchtsort*, Edition Fackelträger, Köln 2016

Bachofer, Mark: *Der Kosmos-Baumführer: 370 Bäume und Sträucher Mitteleuropas*, Franckh Kosmos Verlag, Stuttgart 2015

Bärtels, Andreas: *Gehölze von A–Z: 1500 Bäume und Sträucher*, Verlag Eugen Ulmer, Stuttgart 2016

Blackwell, Lewis: *Bäume*, Reich terra magica, Stuttgart 2009

Bosch, Meike: *Bäume am Blatt erkennen*, Franckh Kosmos Verlag, Stuttgart 2017

Brunner, Michel: *Baumriesen der Schweiz*, Werd Weber Verlag, Thun (Schweiz) 2014

Bürki, Moritz und Fritz Jakob und Domenico Tammasini: *Bildatlas Bäume und Sträucher*, Verlag Eugen Ulmer, Stuttgart 2002

Cook, Diane und Len Jenshel: *Das Wissen der Bäume: 59 Porträts der ältesten und legendärsten Bäume der Welt*, Knesebeck Verlag, München 2017

del Buono, Zora: *Das Leben der Mächtigen. Reisen zu alten Bäumen*, Matthes und Seitz, Berlin 2015

Gebauer, Rosemarie: *Frau Haselin und Drecksäck. Die wunderbare Welt unserer Bäume und Sträucher*, Transit Verlag, Berlin 2016

Godet, Jean-Denis: *Bäume und Sträucher: bestimmen und nachschlagen*, Verlag Eugen Ulmer, Stuttgart 2007

Ders.: *Baumrinden vergleichen und bestimmen*, Verlag Eugen Ulmer, Stuttgart 2011

Ders.: *Knospen und Zweige*, Verlag Eugen Ulmer, Stuttgart 2007

Greiner, Karin: *Bäume in Küche und Heilkunde*, AT Verlag, Aarau (Schweiz) 2017

Gruber, Julia: *Bäume für die Seele: Welches Holz stärkt mich?*, Ueberreuter, Berlin 2017

Harrison, Terry: *Aquarellmalerei Bäume: Studien, Impressionen, Landschaften*, Englisch Verlag, Wiesbaden 2014

Haskell, David G.: *Der Gesang der Bäume*, Verlag Antje Kunstmann, München 2017

Hesse, Hermann und Volker Michels (Hg.): *Bäume – Betrachtungen und Gedichte*, Insel Verlag, Berlin 2014

Hielscher, Kej und Renate Hücking: *Pflanzenjäger. In fernen Welten auf der Suche nach dem Paradies*, Piper, München 2007

Hirler, Helmut: *Bäume*, Edition Panorama, Mannheim 2014

Johnson, Hugh Bäume: *Die Wald- und Gartenbäume der Welt*, Haupt Verlag, Bern (Schweiz) 2011

Kühn, Stefan und Bernd Ullrich: *Deutschlands alte Bäume*, BLV, München 2010

Lehmann, Meike: *Das literarische Buch der Bäume: Geschichten, Geheimnisse und Gedichte*, marix Verlag, Wiesbaden 2016

Leins, Peter und Claudia Erbar: *Bäume und Sträucher in Herbst und Winter erkennen*, Schweizerbart'sche Verlagsbuchhandlung, Stuttgart 2017

Lingg, Adelheid: *Bäume & die heilende Kraft des Waldes*, Franckh Kosmos Verlag, Stuttgart 2016

Mancuso, Stefan und Alessandra Viola: *Die Intelligenz der Pflanzen*, Verlag Antje Kunstmann, München 2015

Mayer, Joachim: *Welcher Baum ist das?*, Franckh Kosmos Verlag, Stuttgart 2016

Mauthe, Markus und Martin Rasper: *Der grüne Planet: 365 Tage im Reich der Bäume*, Frederking & Thaler, München 2015

Moser, Maximilian und Erwin Thoma: *Die sanfte Medizin der Bäume*, Servus Verlag, Elsbethen (Österreich) 2014

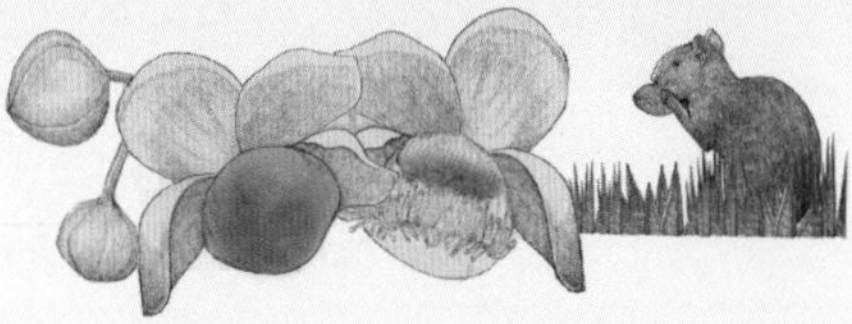

Nedoma, Gabriela: *Knospen: die lebendige Kraft der Bäume*, Freya Verlag, Linz (Österreich) 2016

Pakenham, Thomas: *Magische Bäume in Afrika*, Christian Verlag, München 2008

Ridsdale, Colin und John White: *Bäume der Welt: entdecken, verstehen und schützen*, Dorling Kindersley Verlag, München 2017

Roloff, Andreas: *Vitalitätbeurteilung von Bäumen*, Haymarket Media, Köln 2018

Ders. und Horst Weisgerber: *Bäume Nordamerikas*, Wiley-VHC Verlag, Weinheim/Bergstraße 2010

Ders.: *Bäume: Lexikon der praktischen Baumbiologie*, Wiley-VCH Verlag, Weinheim/Bergstraße 2010

Schönberger, Kilian und Viktoria Urmersbach: *Waldwelten*, Frederking & Thaler, München 2017

Schuck, Hans J. und Peter Schütt u.a.: *Lexikon der Nadelbäume*, Nikol Verlagsgesellschaft, Hamburg 2008

Schütt, Peter und Horst Weisgerber: *Bäume der Tropen: Die große Enzyklopädie*, Nikol Verlagsgesellschaft, Hamburg 2014

Ders. und Horst Weisgerber u.a.: *Enzyklopädie der Laubbäume*, Nikol Verlagsgesellschaft, Hamburg 2006

Seidel, Wolfgang: *Die Weltgeschichte der Pflanzen*, Eichborn, Köln 2012

Spohn, Margot: *Kosmos-Baumführer Europa: 680 Bäume, 2600 Zeichnungen*, Franckh Kosmos Verlag, Stuttgart 2011

Spohn, Margot: *Welcher Baum ist das?*, Franckh Kosmos Verlag, Stuttgart 2017

Suzuki, David und Wayne Grady: *Der Baum: Eine Biographie*, oekom verlag, München 2012

Thoma, Erwin: *Dich sah ich wachsen: Was der Großvater noch über Bäume wusste*, Servus Verlag, Elsbethen (Österreich) 2016

Ders.: *Holzwunder: Die Rückkehr der Bäume in unser Leben*, Servus Verlag, Elsbethen (Österreich) 2016

Wohlleben, Peter: *Das geheime Leben der Bäume*, Ludwig Buchverlag, München 2015

Ders.: *Der Wald*, Heyne Verlag, München 2016

Ders.: *Hörst du, wie die Bäume sprechen?* (Kinderbuch) Oetinger, Hamburg 2017

Ders.: *Wohllebens Waldführer*, Verlag Eugen Ulmer, Stuttgart 2016

Ders.: *Gebrauchsanweisung für den Wald*, Piper Taschenbuch, München 2017

Ders.: *Bäume verstehen*, pala verlag, Darmstadt 2017

Kleine Auswahl englischsprachiger Literatur

Peter A. Thomas:
Trees: Their Natural History,
Cambridge University Press, 2014

N. M. Nadkarni:
Between Earth and Sky,
University of California Press, 2008

D. G. Haskell: The Forest Unseen,
Penguin Books, 2013

F. Carey:
The Tree: Meaning and Myth,
The British Museum Press, 2012

P. H. Raven, R. F. Evert
and S. E. Eichhorn:
Biology of Plants (7th Edition),
W. H. Freeman and Company, 2005

D. J. Mabberley: *The Plant-book*,
Cambridge University Press, 2006

ed. B. Hora: *The Oxford Encyclopedia of Trees of the World*,
Oxford University Press, 1987

International Book of Wood
Mitchell Beazley, 1989

S. Vogel: *The Life of a Leaf*,
University of Chicago Press, 2012

P. Ashton:
On the Forests of Tropical Asia,
Royal Botanic Gardens Kew, 2014

A. Plotnik: *The Urban Tree Book*,
Three Rivers Press, 2000

C. R. Elevitch: *Traditional Trees of Pacific Islands: Their Culture, Environment, and Use*, PAR, 2006

Nützliche Webseiten

Allgemein:

www.baum-natur.eu
www.wald.de
www.wald-kaufhaus.de
www.deutschesbaumarchiv.de
www.baumkunde.de
www.dasgeheimnisderbaeume.de
www.ddg-web.de
(Deutsche Dendrologische Gesellschaft)
www.intelligent-trees.com/de/
(Dokumentarfilm mit P. Wohlleben/Trailer)
www.baumportal.de

Naturschutz:

www.greenpeace.de/themen/waelder
www.reset.org/act/schuetze-den-wald
www.nabu.de/natur-und-landschaft/waelder/lebensraum-wald/13281.html
www.regenwald.org/regenwaldreport/2014/417/wie-wir-alle-den-wald-retten-koennen

Naturschutz:

www.agroforestry.org
www.ARKive.org
www.anpsa.org.au
www.bgci.org
www.conifers.org
www.eol.org
www.globaltrees.org
www.LNtreasures.com
www.monumentaltrees.com
www.naeb.brit.org
www.nativetreesociety.org
www.onezoom.org
www.plantsoftheworldonline.org
www.plants.usda.gov
www.sciencedaily.com
www.TreesAndShrubsOnline.org
www.wood-database.com

Register

Register

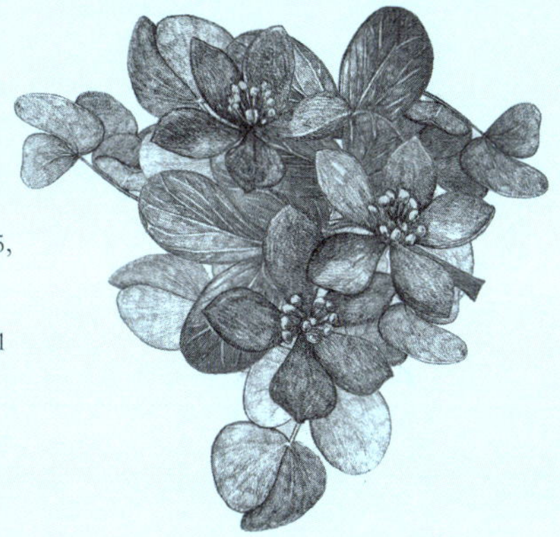

Über die Illustratorin

Lucille Clerc ist eine französische Illustratorin, die nach ihrer Ausbildung an der *ENSAAMA* in Paris und dem *Central Saint Martins* in London ihr eigenes Atelier gründete. In erster Linie im Medienbereich tätig, realisiert sie auch Innenarchitektur- und Installationsprojekte. Zu ihren Kunden der jüngsten Zeit zählen *Berluti*, *Dior*, *DC Comics*, *Farrow & Ball*, *Fortnum & Mason*, *Hôtel de Paris*, *Marks & Spencer*, das *Victoria & Albert Museum*, *Winsor & Newton* sowie die *Historic Royal Palaces*. Clerc verbindet in ihren Illustrationen Zeichen- und Siebdrucktechniken. Ihre freien Arbeiten sind großenteils von London und den Wechselbeziehungen zwischen Natur und Stadt inspiriert.

Danksagung

Meine Lektorin Sara Goldsmith hat mir in einer Weise zur Seite gestanden, wie es sich jeder Autor – und mehr noch jeder, der sein erstes Buch schreibt – nur wünschen kann: mit Verantwortungsbewusstsein und guter Laune, dem größtmöglichen Qualitätsanspruch und dem Taktgefühl einer Heiligen. Ich hatte immer Lust auf die Recherchen und das Schreiben über Bäume, aber sie hat die Arbeit zur reinen Freude werden lassen. Überaus dankbar bin ich auch Lucille Clerc, deren Talent und Geduld mich mit Ehrfurcht erfüllen. Sicherlich stimmen Sie mir zu, dass ihre Illustrationen den Text aufs Schönste ergänzen. Masumi Brizzo und Felicity Awdry waren ebenfalls maßgeblich daran beteiligt, dieses Buch zu einem meiner Meinung nach schönen und harmonischen Objekt zu machen.

Die Mitarbeiterinnen und Mitarbeiter der großartigen Bibliothek und des ausgezeichneten Archivs des Botanischen Gartens Kew waren von unschätzbarer, tatkräftiger Hilfe. Ganz besonders Anne Marshall. Mein Dank geht auch an meine Freunde unter den Wissenschaftlern in Kew, die so freundlich waren, das Manuskript zu lesen: Jo Osborne, Stuart Cable, Jonas Mueller und Mark Nesbitt (der Nestor der sogenannten *Economic Botany*) sowie Mike Maunder von *The Eden Project*. Für alle etwaig verbliebenen Schnitzer bin allein ich verantwortlich.

Ich bin dankbar für meine engen Verbindungen mit *Kew*, *The Woodland Trust* und dem *World Wide Fund for Nature*. Die Mitarbeiter dieser Organisationen leisten Hervorragendes. Sie haben meine Unterstützung und verdienen auch die Ihre.

Mein Buch beruht ganz wesentlich auf den Werken anderer – den Erkenntnissen von Naturwissenschaftlern und Historikern mehrerer Jahrhunderte, die auf ihrem jeweiligen Fachgebiet gewissenhaft beobachtet, gesammelt, systematisiert und geforscht und so Stück für Stück die Gesamtheit des menschlichen Wissens vermehrt haben. Ohne sie hätte dieses Buch nicht entstehen können.

Meine Frau Tracy und mein Sohn Jacob haben meine grenzenlose Begeisterung für all die verrückten Dinge, die Bäume so anstellen, geduldig ertragen und sogar begonnen zu teilen. Ha! Jetzt sind sie infiziert – so wie einst ich durch meine Eltern.